Forschungsberichte

Band 87

Berichte aus dem
Institut für Werkzeugmaschinen
und Betriebswissenschaften
der Technischen Universität
München

Herausgeber:
Prof. Dr.-Ing. G. Reinhart
Prof. Dr.-Ing. J. Milberg

Springer-Verlag Berlin
Heidelberg GmbH

Markus Rockland

Flexibilisierung der automatischen Teilebereitstellung in Montageanlagen

Mit 83 Abbildungen

Springer-Verlag Berlin Heidelberg GmbH 1995

Dipl.-Ing. Markus Rockland
Institut für Werkzeugmaschinen und Betriebswissenschaften (iwb), München

Univ.-Prof. Dr.-Ing. G. Reinhart
o. Professor an der Technischen Universität München
Institut für Werkzeugmaschinen und Betriebswissenschaften (iwb), München

Univ.-Prof. Dr.-Ing. J. Milberg
o. Professor an der Technischen Universität München
Institut für Werkzeugmaschinen und Betriebswissenschaften (iwb), München

D 91

ISBN 978-3-540-58999-0 ISBN 978-3-662-07248-6 (eBook)
DOI 10.1007/978-3-662-07248-6

Ursprünglich erschienen bei Springer-Verlag Berlin Heidelberg New York 1995.

SPIN: 10497039 62/3020-543210

Geleitwort der Herausgeber

Die Produktionstechnik ist für die Weiterentwicklung unserer Industriegesellschaft von zentraler Bedeutung. Denn die Leistungsfähigkeit eines Industriebetriebes hängt entscheidend von den eingesetzten Produktionsmitteln, den angewandten Produktionsverfahren und der eingeführten Produktionsorganisation ab. Erst das optimale Zusammenspiel von Mensch, Organisation und Technik erlaubt es, alle Potentiale für den Unternehmenserfolg auszuschöpfen.

Um in dem Spannungsfeld Komplexität, Kosten, Zeit und Qualität bestehen zu können, müssen Produktionsstrukturen ständig neu überdacht und weiterentwickelt werden. Dabei ist es notwendig, die Komplexität von Produkten, Produktionsabläufen und -systemen einerseits zu verringern und andererseits besser zu beherrschen.

Ziel der Forschungsarbeiten des *iwb* ist die ständige Verbesserung von Produktentwicklungs- und Planungssystemen, von Herstellverfahren und Produktionsanlagen. Betriebsorganisation, Produktions- und Arbeitsstrukturen und Systeme zur Auftragsabwicklung im Unternehmen werden unter besonderer Berücksichtigung mitarbeiterorientierter Anforderungen entwickelt. Die dabei notwendige Steigerung des Automatisierungsgrades darf jedoch nicht zu einer Verfestigung arbeitsteiliger Strukturen führen. Fragen der optimalen Einbindung des Menschen in den Produktentstehungsprozeß spielen deshalb eine sehr wichtige Rolle.

Die im Rahmen dieser Buchreihe erscheinenden Bände stammen thematisch aus den Forschungsbereichen des *iwb*. Diese reichen von der Produktentwicklung über die Planung von Produktionssystemen hin zu den Bereichen Fertigung und Montage. Steuerung und Betrieb von Produktionssystemen, Qualitätssicherung, Verfügbarkeit und Autonomie sind Querschnittsthemen hierfür. In den *iwb*-Forschungsberichten werden neue Ergebnisse und Erkenntnisse aus der praxisnahen Forschung des *iwb* veröffentlicht. Diese Buchreihe soll dazu beitragen, den Wissenstransfer zwischen dem Hochschulbereich und dem Anwender in der Praxis zu verbessern.

Joachim Milberg *Gunther Reinhart*

Vorwort

Die vorliegende Dissertation entstand während meiner Tätigkeit als wissenschaftlicher Mitarbeiter am Institut für Werkzeugmaschinen und Betriebswissenschaften (iwb) der Technischen Universität München.

Herrn Prof. Dr.-Ing. J. Milberg, dem Leiter dieses Instituts, gilt mein besonderer Dank für die wohlwollende Förderung und großzügige Unterstützung während dieser Arbeit, die entscheidend zu deren Gelingen beigetragen hat.

Herrn Prof. Dr.-Ing. K. Feldmann, dem Leiter des Instituts für Fertigungsautomatisierung und Produktionssystematik (faps) der Universität Erlangen-Nürnberg, danke ich für die Übernahme des Korreferates und die aufmerksame Durchsicht der Arbeit.

Darüberhinaus möchte ich mich bei meiner Frau Helga, allen Mitarbeiterinnen und Mitarbeitern des Instituts und allen Studenten, die mich bei der Erstellung meiner Arbeit unterstützt haben, recht herzlich bedanken.

München, im Juli 1994 *Markus Rockland*

0 Formelzeichen und Abkürzungen

Abkürzung	Bedeutung	Einheit
α	Stoßwinkel	°
a	Jahr	
aut	automatisch	
BGB	Bürgerliches Gesetzbuch	
CCD	Charge coupled device	
D	Durchmesser	mm
DIN	Deutsche Industrie Norm	
dm	Dezimeter	
DM	Deutsche Mark	
ϕ	Neigungswinkel der Förderbahn	°
flex	flexibel	
F	Kraft	N
FDE	Federndes Druckelement	
F_M	Gewichtskraft	N
F_N	Normalkraft	N
F_R	Reibkraft	N
FTS	Fahrerloses Transportsystem	
γ	Lenkerwinkel des Antriebs	°
h	Stunde	
H, h	Höhe	mm
IR	Industrieroboter	
J	Trägheitsmoment	Nm
lat	lateinisch	
L	Länge	mm
M	Moment	Nm
μ	Gleitreibungskoeffizient	

μ_o	Haftreibungskoeffizient	
min	Minute	
mag	magaziniert	
Mag	Magazin	
man	manuell	
mm	Millimeter	
MwSt	Mehrwertsteuer	%
NC	Numeric control	
N_L	Anzahl möglicher Lagen	
N_O	Anzahl möglicher Orientierungen	
N_{Fg}	Anzahl möglicher Freiheitsgrade	
OG	Ordnungsgrad	
OG_{max}	maximaler Ordnungsgrad	
P	Druck	bar
P_B	Bruttoausbringung	Erzeugnisse/Jahr
PB	Personalbindung	
qm	Quadratmeter	m^2
ρ	Dichte	kg/m^3
R	Radius	mm
S	Schwerpunkt	
rot	Rotation	
sec	Sekunde	
SF	Schrägbandförderer	
T_N	Nutzungszeit	h
TDM	Tausend DM	
v	Geschwindigkeit	m/s
VDI	Verein Deutscher Ingenieure	
VV	Verfügbarkeitsverlust	
VWF	Vibrationswendelförderer	
WT	Werkstückträger	

1 Einleitung

1.1 Entwicklung der Montagetechnik

Zu den Anfängen der Mechanisierung und Automatisierung der Montage hat sich der Markt nur peripher an den Wünschen der Kunden orientiert. Dies lag einerseits an den im Vergleich zu heute wesentlich niedrigeren Ansprüchen der Kunden, andererseits an den durch Taylor propagierten Produktionsstrukturen mit hoher Arbeitsteiligkeit, die nur bei großen Stückzahlen und wenigen Varianten unter wirtschaftlichen Bedingungen arbeiten konnten.

Seit Anfang der 70er Jahre hat der zunehmende Wohlstand der Bevölkerung und die damit wachsenden Ansprüche der Kunden zu einer Veränderung im Nachfrageverhalten geführt. Nicht mehr der VW-Käfer mit zwei Motorvarianten und in 10 Standardfarbtönen ist das erklärte Statussymbol, sondern modern ausgestattete, mit technischen Leckerbissen versehene und möglichst individuell gestaltete Fahrzeuge ermöglichen dem Besitzer von heute, sich von der Masse abheben zu können. Der Anbietermarkt hat sich zum Käufermarkt entwickelt, das schmale Standardproduktspektrum ist durch eine breite Angebotspalette mit unzähligen Varianten abgelöst worden [LOTT 92a].

Die Folge dieser Entwicklung ist eine stetige Verkleinerung der Losgrößen und kürzere Produktlebenszyklen. Auf der einen Seite wird dadurch eine wirtschaftliche Automatisierung in der Produktion zunehmend in Frage gestellt, auf der anderen Seite gewinnt gerade die Automatisierung durch die steigenden Lohnkosten und die wachsende Konkurrenz aus Fernost zunehmend an Bedeutung [WARN 90b].

Besonders schwierig gestaltet sich die Situation in der Montage, die sich auch nach Jahren intensiver Rationalisierungsbestrebungen im Vergleich zum Automatisierungsgrad der Teilefertigung weiter im Rückstand befindet. Folglich sind die anteiligen Personalkosten durch häufig manuell verrichtete Montagevorgänge erheblich höher als in der Teilefertigung [BEND 91, EVER 85, GRIE 93, MILB 90a, SCHM 92a]. Die wesentlichen Gründe hierfür sind:

- Montageaufgaben sind im allgemeinen sehr viel komplexer als Aufgaben der Teilefertigung.
- Die Montage ist, am Ende des Auftragsdurchlaufes angesiedelt, das Sammelbecken aller vorher gemachten Fehler.
- Automatische Montageanlagen sind sehr komplex aufgebaut und dadurch störungsanfällig.
- Bisherige, starr automatisierte Montagesysteme sind trotz Einsatz von Industrierobotern Sondermaschinen und eignen sich nur für Großserien.
- Oft schon bei kleinen Veränderungen in den Produktionsrandbedingungen muß ein Montagesystem durch ein neues ersetzt oder mit großem Aufwand (Umbau, Testlauf, Wiederinbetriebnahme) angepaßt werden.

Unter diesen Umständen war bisher für kleine Stückzahlen und schnellebige Produkte eine Automatisierung unter ökonomischen Gesichtspunkten nicht möglich, da die geforderte Anpassungsfähigkeit an veränderliche Produktionsrandbedingungen nicht gegeben ist. Der wesentliche Aspekt für den wirtschaftlichen Einsatz einer Montageanlage liegt daher in Zukunft in der Einplanung von Flexibilität sowie in der konsequenten Modularisierung und Standardisierung ihrer Komponenten.

Ein zentrales Problem stellt hier im Zusammenhang mit der Forderung nach Produkt-, Varianten- und Stückzahlflexibilität die montagegerechte Bereitstellung der Bauteile dar. Für eine automatische Montageanlage sind mit Hilfe von Zuführgeräten viele unterschiedliche Bauteile zeitgerecht und am richtigen Ort zu plazieren. Die Montageprozeßkontinuität leidet aber häufig unter Störungen in der Bauteilbereitstellung z. B. dadurch, daß sich Bauteile in Zuführungen verhaken oder sich gegenseitig am Weitertransport behindern. Die Verfügbarkeit von Montageanlagen sinkt mit der Zahl der Zuführgeräte [ZIER 85, LOTT 92b]. Mit wachsender Komplexität der eingesetzten Montageanlagen und deren Zuführ-, Ordnungs- und Vereinzelungseinrichtungen steigt demnach die Gefahr, den Montageablauf zu unterbrechen [GRIE 93, MILB 91a, SCHA 89, WIEN 89b].

1.2 Ausgangssituation in der automatischen Teilebereitstellung

1.2.1 Grundlagen

Grundsätzlich kann man die Teilezuführung, abhängig von der erforderlichen Bereitstellungsart, verschieden klassifizieren. Unter der Bereitstellungsart ist der Orientierungsgrad der Teile im Bauteilspeicher oder bei der Übergabe an das Handhabungsgerät einer Produktionsanlage zu verstehen. Nach der VDI-Richtlinie [VDI 2860] werden folgende Zustände unterschieden (Bild 1.1):

- **geordnet:** Die Bauteile sind lagerichtig (greifgerecht) positioniert und orientiert und können ohne Zwischenschritt von einem Handhabungsgerät aufgenommen werden. Beispiel: *Werkstückträger*;
- **teilgeordnet:** Die Bauteile werden in der richtigen Lage und in richtiger Orientierung bereitgestellt, müssen aber für die Abnahme durch eine Handhabungsvorrichtung noch vereinzelt werden. Beispiel: *Flachmagazin*;
- **ungeordnet:** Die Bauteile werden völlig ungeordnet angeliefert und müssen z.B. in einem Ordnungsgerät bereitgestellt, ihrem Ordnungsgrad entsprechend lagerichtig aussortiert sowie über einen Puffer für ein Handling vereinzelt und positioniert werden. Beispiel: *Schüttgutbehälter*.

Je nach Ordnungszustand werden demnach verschieden umfangreiche Aufgaben an die manuelle oder automatische Weiterverarbeitung der Bauteile gestellt. Geordnete Bauteile ermöglichen innerhalb realisierbarer Toleranzen eine direkte Übergabe an die Produktionsanlage, da Lage, Position und Orientierung der Teile bereits definiert sind. Die teilgeordnete Bereitstellung verlagert einen Teil der Positionier- und Orientierungsaufgabe zur weiteren Handhabung hin. Ungeordnete Bereitstellung in Form von Wirr- oder Schüttgut erfordern den Einsatz speziell ausgelegter Zuführ- und Ordnungsgeräte. Der Gerätebedarf steigt mit zunehmender Unordnung der bereitgestellten Teile (Bild 1.1).

Gelingt es nicht, ein geeignetes Ordungsgerät zu finden, um die benötigte Bauteillage mit der gewünschten Ausbringung herzustellen, dann müssen die Teile manuell in den automatisch zu verarbeitenden Zustand gebracht werden.

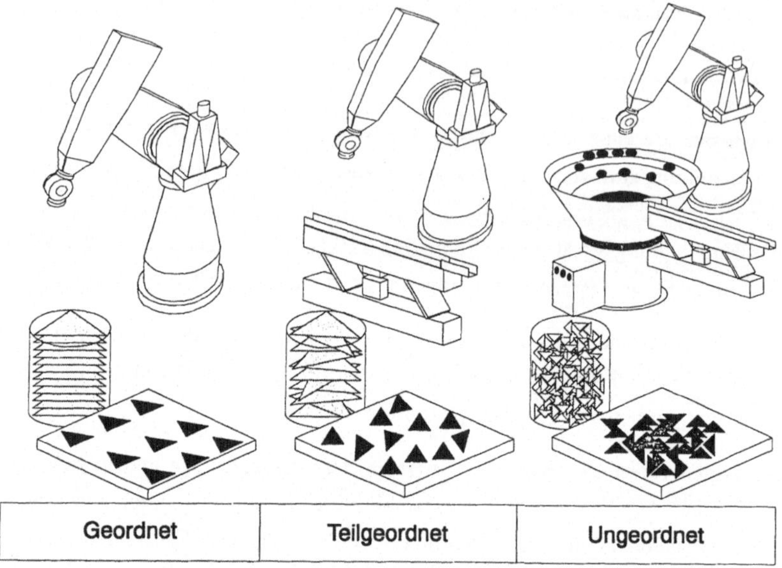

Bild 1.1: Ordnungszustände von Bauteilen, steigender Gerätebedarf mit wachsender Unordnung der Teile

1.2.2 Bauarten und Funktion konventioneller Zuführgeräte

Für die automatische Teilebereitstellung an Montageanlagen existiert auf dem Markt ein breites Angebot an Zuführgeräten. Das Spektrum der hauptsächlich angewendeten Geräte reduziert sich aber auf wenige Gerätetypen, deren Bauart und Funktion nachfolgend zum besseren Verständnis kurz dargestellt werden.

1.2.2.1 Schwingförderer

Der Schwingförderer ist heute, wenn man von Förderbändern absieht, das am weitesten verbreitete Zuführgerät in der Produktionstechnik [FELD 83, MILB 92]. Durch Erregung von Elektromagneten wird der leichtere Teil eines Zweimassenschwingers, z. B. beim Vibrationswendelförderer die Schwingschale (im industriellen Sprachgebrauch der Topf), unter einem bestimmten Lenkerwinkel γ in periodische Schwingungen versetzt (Bild 1.2a). Bei Vibrations-

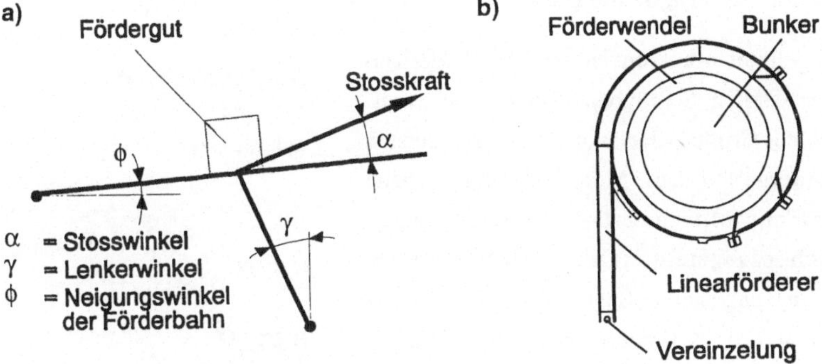

Bild 1.2: a) Schwingungen beim Mikrowurf
b) Vibrationswendelförderer mit angeschlossenem Linearförderer

wendelförderern führt dies zu kombinierten Dreh-Hub-Schwingungen des Topfes, bei Linearförderern zu Hub-Schwingungen. Durch die Eigenträgheit und den unter dem Winkel α eingeleiteten Stoß beschreibt das Fördergut eine Wurfparabel in Transportrichtung, wodurch die Fortbewegung auf der im Winkel φ geneigten Bahn, der sogenannte Mikrowurf, erzeugt wird [BÖTT 57]. Da die Schwingungen im Vibrationswendelförderer kreisförmig wirken, kann eine tangential vom Wendel wegführende, geradlinige Fortbewegung der Bauteile zur Übergabe an einen Puffer oder an eine Vereinzelung nur in sehr begrenztem Umfang erfolgen. Die Bauteilzuführung mit Hilfe von Vibrationswendelförderern erfolgt daher meist in Kombination mit einem tangential nachgeschalteten Linearförderer (Bild 1.2b).

Beim Vibrationswendelförderer sind zum Ordnen der Bauteile sogenannte Ordnungsschikanen hintereinander im Förderwendel integriert, beim Linearförderer entsprechend ebenso hintereinander auf der linearen Förderstrecke. Die Vereinzelungs- und Positioniereinrichtungen sind - von der Vibration des Fördergerätes entkoppelt - hinter dem Teilepuffer angeordnet.

Schwingförderer eignen sich für ein breites Teilespektrum, hauptsächlich aber für kleine, leichte Teile mit Abmessungen unter 1 dm^3 und Gewichten unter 2 kg [WEIS 83]. Die Teile müssen stoß- und, weil die Funktion der Schikanen beeinträchtigt werden kann, abriebfest sein.

1.2.2.2 Schrägbandförderer

Abgeleitet von konventionellen Förderbändern stellen Schrägbandförderer die zweitgrößte Gruppe der industriell eingesetzten Fördergeräte dar. Motorisch angetriebene und mit Mitnehmerleisten, Becherwerken (Schöpfsegmenten) o. ä. ausgestattete, schräg angestellte Bänder oder Schleppketten befördern Bauteile aus einem Schöpfbunker in eine Rinne oder Austragsschiene (Bild 1.3). Eine Vorsortierung von einfachen Teilen durch spezielle Auslegung der Mitnehmerleisten ist möglich. In der Rinne bzw. Austragsschiene erfolgt dann die weitere Orientierung der Bauteile.

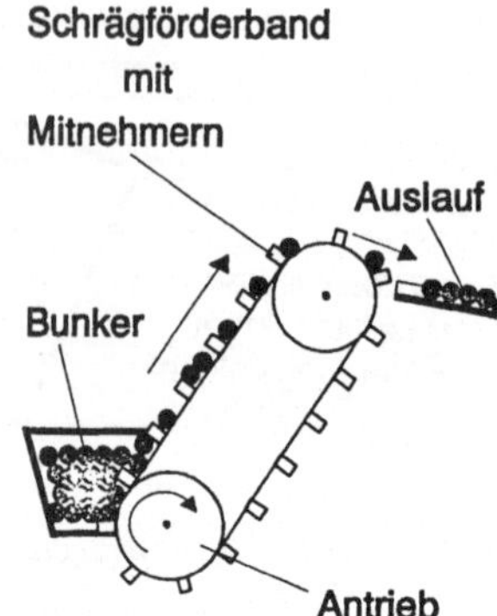

Bild 1.3: Schrägbandförderer (Prinzip)

Schrägbandförderer werden häufig als Erweiterung anderer Zuführsysteme als sogenannte Schöpfsegmentbunker eingesetzt, um in regelmäßigen Zeitabständen eine bestimmte Bauteilmenge zuzuteilen. In Verbindung mit linearen Schwingförderern werden sie darüberhinaus als eigenständige, platzsparende Ordnungsgeräte eingesetzt (Bild 1.4). So können abgewiesene Bauteile direkt von der Ordnungsschikane wieder in den Bunker befördert werden. Positionier- und Vereinzelungseinrichtungen sind in diesem Fall wie bei allen Schwingförderern von der Vibration entkoppelt angeordnet. Bedingt durch die Bauart sind Teile in Schrägbandförderern einer hohen mechanischen Belastung ausgesetzt. Letztere sind daher nur für formstabile, bruchfeste und oberflächenunempfindliche Bauteile geeignet.

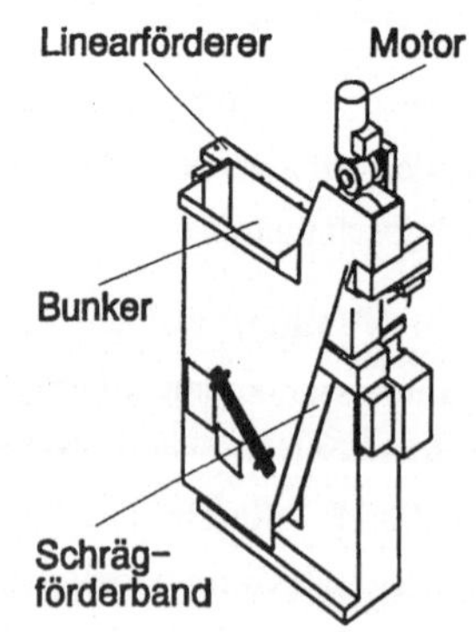

Bild 1.4: Aufbau Schrägbandlinearförderer [STIW 90]

1.2.2.3 Zuführgeräte mit anderen Antriebstechniken

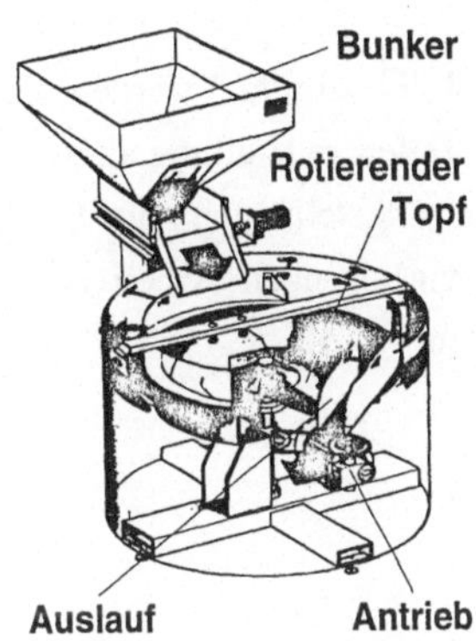

Bild 1.5: Zentrifugalförderer (Hopp 92)

Wie die Analysen im Verlauf der vorliegenden Arbeit gezeigt haben, spielen Zuführgeräte mit anderen Antriebstechniken gegenüber den Schwingförderern und den Schrägbandförderern nur eine untergeordnete Rolle. Der Vollständigkeit halber seien diese hier zusammengefaßt dargestellt:

Zentrifugalförderer machen sich die durch die Bauteilträgheit erzeugte Fliehkraft zunutze. Der schnell rotierende Topfboden sorgt dafür, daß die im Topf befindlichen Bauteile an den Topfrand gedrängt werden, wo sich an einer oder an mehreren Stellen Ordnungselemente und Austragsschienen befinden, durch welche die Teile den Topf nur in der richtigen Lage verlassen können (Bild 1.5). Es muß sich dabei jedoch um einfache, unempfindliche und bruchfeste Bauteile handeln, die dann mit einer Ausbringung bis zu 3.000 Stück/Minute, geordnet und zugeführt werden [HOPP 92].

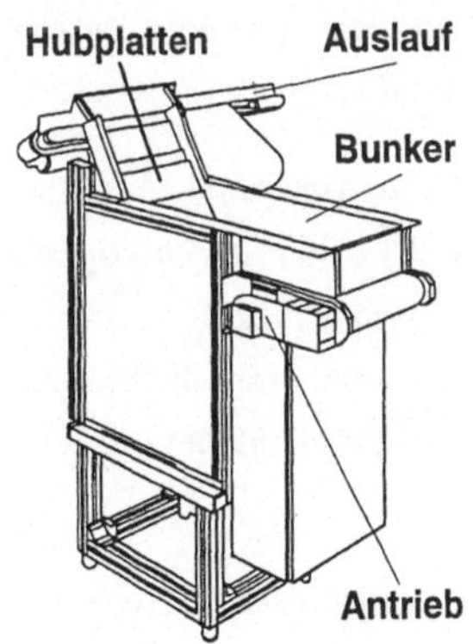

Bild 1.6: Hubplattenförderer (RNA 93)

Hubplattenförderer bestehen aus einem Bunker, in dem eine Hubplatte oder ähnlich gestalteter Schieber, angetrieben pneumatisch oder elektrisch über einen Kurbeltrieb, auf- und abbewegt wird (Bild 1.6).

Neben diesen schon vergleichsweise selten eingesetzten Geräten gibt es noch weitere, z. B. Bürstenförderer, Bandförderer, Magnetrotorförderer, Blasluftförderer u. a., die aber nur in Einzelfällen vorzufinden sind und meist für eine spezielle Anwendung eingesetzt werden.

2 Stand der Technik

Begriffe wie "Kommissionierung", "Zuführen" und "Flexibilität" werden, besonders im Zusammenhang mit der automatischen Teilebereitstellung an Montageanlagen, oft falsch interpretiert. Im Vorfeld der Darstellungen zum Stand der Technik und zum weiteren Verständnis der vorliegenden Arbeit ist es daher sinnvoll, die Begriffsbestimmungen zu klären.

2.1 Begriffsbestimmungen

2.1.1 Flexibilität

Zunächst soll deutlich gemacht werden, welche Formen der Flexibilität es gibt und welche davon wie auf die automatische Teilebereitstellung an Montageanlagen angewendet werden können.

Der Stand der Forschung zur Flexibilität von Montagestrukturen wird bei [SCHM 92a] ausführlich dargestellt. Flexibilität in der Montage wird dort als die ***Anpaßbarkeit eines Systems an Änderungen bei den zu produzierenden Produkten, den Produktionsanforderungen sowie den Produktionsrandbedingungen*** definiert. Darüberhinaus wird zwischen den Begriffen ***Interne Flexibilität*** und ***Externe Flexibilität*** unterschieden:

- **Interne Flexibilität:** *Das Montagesystem und alle von einer Änderung betroffenen Komponenten sind so vorbereitet, daß sie sich durch einfache Informationsverarbeitung, z. B. durch eine Umprogrammierung, verändern und anpassen lassen.* Dabei bleibt das Montagesystem innerhalb seiner Systemgrenzen, abgesehen von gesteuerten Verstellmöglichkeiten der Systemhardware, unverändert.

- **Externe Flexibilität:** *Das Montagesystem wird durch Austausch von produktspezifischen Komponenten oder Unterkomponenten über die Systemgrenze hinweg an die veränderten Ein- und Ausgangsbedingungen angepaßt.* Dieser Austausch von Systemhardware kann sowohl manuell als auch automatisch erfolgen und setzt standardisierte Schnittstellen zwischen auszutauschenden Komponenten voraus.

2.1.2 Kommissionierung, Teilebereitstellung

Die Begriffsbestimmungen im Bereich der automatischen Teilebereitstellung sind zum Teil widersprüchlich und mehrfach belegt. "Kommissionieren" (von lat.: committere = vereinigen, zusammenstellen) ist im Sinne der vorbereitenden Zusammenstellung aller (Bestand-)Teile eines Auftragsloses in der Produktionstechnik ein weit verbreiteter Begriff für die Bereitstellung von Bauteilen in abgezählten Mengen. In [VDI 3590] wird "Kommissionierung" als "das Zusammenstellen von bestimmten Teilmengen (Artikeln) aufgrund von Bedarfsinformationen (Aufträgen)" definiert, was man auch auf die geordnete, auftragsbezogene, automatische Teilebereitstellung beziehen kann. Dies wird in anderen Richtlinien des VDI als "Zubringen" bezeichnet [VDI 3239, VDI 3240, VDI 3244/45/46]. Darunter sind die "einleitenden, weiterleitenden und beendenden Bewegungen mit dem Arbeitsgut bei Fertigungsvorgängen" zu verstehen [VDI 3240]. In der VDI-Richtlinie *Montage- und Handhabungstechnik* [VDI 2860] werden Ordnungsvorgänge als Teilfunktionen des Handhabens bezeichnet..

Allerdings werden dort, abweichend von [VDI 3240], dieselben Vorgänge mit "Beschicken" und "Zuteilen" bezeichnet. Die Richtlinien entwickeln unterschiedliche Begriffsbestimmungen für identische Teilprozesse des "Zubringens" und des "Handhabens", z. B. für "Ordnen", "Sortieren" und "Vereinzeln". Es wird daher für das weitere Vorgehen folgende Definition vorgeschlagen:

Der automatische Teilebereitstellungsprozeß in Montageanlagen erstreckt sich über die Teilprozesse ***Transportieren und Zuführen von Bauteilen vom Anlieferungsort der Teile an der Montageanlage bis zur montagegerechten Positionierung des einzelnen Bauteils*** *im Arbeitsraum automatischer Handhabungseinrichtungen* ***in der Montageanlage.***

Die Teilprozesse Transportieren und Zuführen sind Bewegungsabläufe, die ihrerseits aus Teilfunktionen wie z. B. Vereinzeln und Positionieren zusammengesetzt sein können. Eine Beschreibung, Systematisierung und Visualisierung dieser Prozesse und Teilprozesse kann mit einer entsprechenden Beschreibungssymbolik erfolgen.

In [VDI 2860] werden eine Fülle von Symbolen definiert, die Einzelfunktionen des Handhabens beschreiben. Auch das Ordnen erhält ein einzelnes, globales Symbol und kann wiederum aus weiteren gleichberechtigten Teilsymbolen zusammengesetzt werden (Bild 2.1).

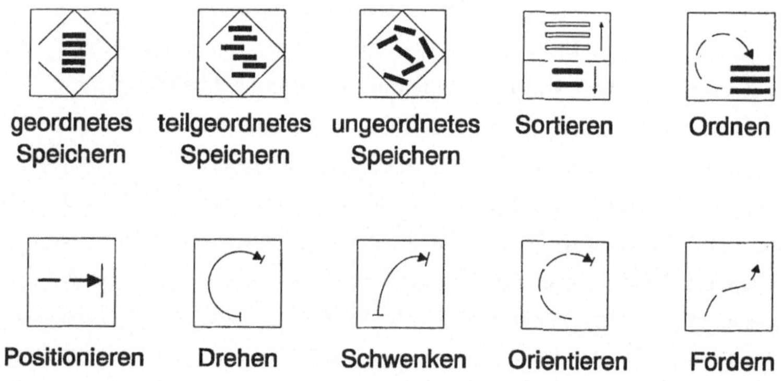

Bild 2.1: Sinnbilder zur Montage- und Handhabungstechnik [VDI 2860]

In der VDI-Richtlinie *Sinnbilder für Zubringefunktionen* [VDI 3239] werden ebenfalls Symbole entwickelt, welche zum Teil von den vorgenannten differieren, zum Teil aber auch mit den dort definierten identisch sind. Bild 2.2 zeigt die der Richtlinie entnommene Beschreibungssymbolik für einen in der Montagetechnik eingesetzten Schwingförderer.

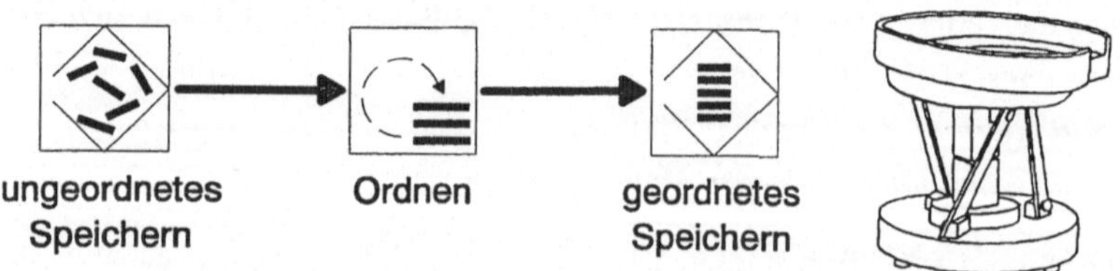

Bild 2.2: Beschreibungssymbolik für den Schwingförderer nach [VDI 3239]

Bei [SCHM 92a] werden fünf elementare Montageprozesse und entsprechende Symbole definiert, mit welchen beliebige Vorgänge in einem Montagesystem beschrieben werden können (Bild 2.3). Auch Teilebereitstellungsprozesse, die sich im wesentlichen aus den Teilfunktionen "Speichern" und "Bewegen" zusammensetzen, lassen sich hiermit global beschreiben. Allerdings werden hohe Ansprüche an Vorstellungskraft und Abstraktionsvermögen gestellt, will man mit diesen Symbolen eine detaillierte Beschreibung von Teilfunktionen der automatischen Teilebereitstellung in Montageanlagen durchführen.

Bild 2.3: Beschreibungssymbolik für Montageprozesse [SCHM 92a]

Es wird deutlich, daß die in der Literatur verwendeten Symbole in ihrer Menge unübersichtlich, teilweise zu global oder zu anwendungsspezifisch sind, sodaß eine Abbildung vergleichbarer Strukturen von Ordnungsprozessen bei der automatischen Teilebereitstellung schwer fällt.

2.2 Forschungsergebnisse zur Teilebereitstellung

Da Bauteile auf dem Weg zur Montageanlage verschiedene Stationen durchlaufen, z. B. Lager, Transport und Zuführung, beschäftigen sich einige wissenschaftliche Veröffentlichungen mit der Teilebereitstellung im Sinne der Lagerkommissionierung, Lagerverwaltung und Teilebereitstellung aus (Hochregal-)Lagern oder die Palettierung von Kisten und Kartons mit Hilfe spezieller Kommissionierroboter [FRIS 82, SIMO 86, BACK 88, BAUM 88, VDI 3590]. Diese Thematik wird von der vorliegenden Arbeit nicht berührt.

Auch für die automatische Bereitstellung von Bauteilen im Sinne der Verbesserung von Transport und Materialfluß sind zahlreiche Publikationen erschienen, die sich mit der montagegerechten Gestaltung von Werkstückträgern,

Magazinen und Palettensystemen für spezielle Anwendungen auseinandersetzen [HESS 82, GRAF 84, PATE 85, N. N. 87, TÜBE 87, ZIPS 87, SAND 88, WIEN 88, SCHR 88, BÜNN 90, MAIE 90, MILB 90a] und Ansätze zur Verbesserung des Materialflusses in Produktionsanlagen [SIMO 86, PAPE 87] erarbeiten. Dieses Thema hat nur in Bezug auf die Verkettung von Montageanlagen eine Bedeutung und berührt die vorliegende Arbeit nur am Rande.

Die automatische Teilebereitstellung in Montageanlagen, Gegenstand der Betrachtungen dieser Arbeit, erfolgt in der Regel mit Hilfe unterschiedlicher Fördergeräte, z. B. Förderbänder, förderer, Kettenförderer, Rollenförderer etc..

Der Schwingförderer ist heute das meistverwendete Zuführgerät in der automatischen Montage [FELD 83, ROCK 93]. Bereits in den dreißiger Jahren wurde die Nutzbarkeit von Schwingungen für die Fördertechnik entdeckt [LEHR 30, LEHR 34]. Die Entwicklung der Geräte und der gesamten Schwingfördertechnik geht auf die sogenannten Wuchtförderer zurück [HEYM 26], die motorisch angetriebene Unwuchten über Federn auf eine Förderrinne und das darin befindliche Fördergut, z. B. Kohle, übertragen. Die Entwicklung von wechselstrombetriebenen Elektromagneten erlaubte schließlich die Vibrationsförderung von Kleinteilen. Dieses Prinzip wurde vor 60 Jahren erstmals auf Wendelförderer angewendet und patentiert [REDF 75]. In den folgenden Jahrzehnten wurde der durch gezielt eingeleitete Schwingungen erzeugte Mikrowurf in nahezu allen Bereichen der industriellen Produktion für die automatische Teilebereitstellung genutzt (vgl. Bild 1.2a).

Die Entwicklung und der Bau von Schwingfördergeräten ist allerdings heute wie damals eine zeitaufwendige und durch den Versuch geprägte Prozedur. Um die Auslegung der Geräte und die Suche nach Lösungen für spezielle Anwendungen und Teilebereitstellungsprobleme zu erleichtern, wurden daher umfangreiche Kataloge und Lösungssammlungen zur Auslegung und Gestaltung von werkstückspezifischen Ordnungsfunktionselementen (Ordnungsschikanen) für die automatische Teilebereitstellung entwickelt [IOPE 68, BOOT 79, HESS 89], die auch in Normenwerken Einzug gefunden haben [VDI 3240, VDI 3246]. Andere Autoren haben sich mit der technischen Verbesserung der Geräte, der Auslegung und Gestaltung ihrer Ordnungselemente sowie mit rechnerischen Ansätzen zur Bestimmung des Bauteileverhaltens und zur Auslegung der Antriebe auseinandergesetzt [AHRE 83, HABE 84, NIES 83, N.N. 91, HILG 85]. Die dort erarbeiteten wissenschaftlichen Grundlagen zur Verbesserung des Förderverhaltens finden allerdings in der Werkstattpraxis kaum Anwendung [N.N. 84].

Neben den Publikationen zu Schwingförderern gibt es nur wenige Veröffentlichungen über Neuentwicklungen. Während sich ein Teil der Autoren mit Lösungen für produktspezifische Problemstellungen auseinandersetzt [SUZU 81, AZUM 84, SCHU 86, CHUA 89, MAIE 90], werden von anderen konkrete Ansätze zur Flexibilisierung der automatischen Teilebereitstellung und zur Entwicklung von Ordnungsgeräten für ein breiteres Teilespektrum erarbeitet [WEIS 83, HARA 84, YOSH 84, BRAN 86, BROS 87, FITZ 87, WIEN 89a, N. N. 89, PARK 89, LIM 90, N. N. 92, SCHM 92b, SCHM 93]. Allerdings ist dort mit dem Flexibilitätsgewinn meist ein hoher sensorischer und apparativer Aufwand verbunden. Bei [WIEN 89a] z. B. wurde die Ordnungsstrecke aus unterschiedlichen Ordnungselementen zusammengesetzt, deren Ordnungsfunktionalität mit Hilfe von Stellantrieben und entsprechender Steuerung für verschiedene Bauteile angepaßt werden konnte. [MRW 89] hat ein flexibles Zuführgerät entwickelt, welches aus einem Vibrationswendelförderer und einer linearen Förderbandstrecke mit CCD-Zeilenkamera zusammengesetzt ist. Die im Förderer hintereinander aufgereihten Bauteile passieren dort in einer stabilen Lage die CCD-Zeile. Das von der Zeilenkamera ermittelte Bild kann mit einem zuvor abgespeicherten Referenzmuster verglichen werden, sodaß dem Masterbild nicht entsprechende Teile z. B. durch einen Luftstoß ausgesondert werden können (Bild 2.4). Bei [SCHM 93] wird dieses System für die flexible Zuführung unterschiedlicher Werkstücke aus ei-

Bild 2.4: MRW-Ordnungsstrecke mit CCD-Zeilenkamera

nem Fördertopf eingesetzt. Ähnliche Lösungen werden auch von anderen Herstellern angeboten [ECCA 92, RNA 93]. Vibrationswendelförderer und lineare Ordnungsstrecken mit mehreren hintereinandergeschalteten CCD-Kameras werden bei [N. N. 92, LEY 93, SCHW93] zur Realisierung einer flexiblen Ordnungszelle für verschiedene Bauteile eingesetzt. Im Gegensatz zur vorher genannten Lösung werden Schlechtteile dort mit Hilfe von aktiven, nach der Ordnungsstrecke angeordneten, Orientierungs- und Wendeeinrichtungen in die gewünschte Montagelage gebracht. Nachteilig an allen CCD-Lösungen ist, daß die Teile zur Auswertung durch die Kamera eine stabile Lage aufweisen und somit vororientiert werden müssen. Mit zunehmender Asymmetrie der Teile wächst daher der Aufwand für die Vorsortierung bzw. der Aufwand zur Umorientierung der Schlechtteile durch Aktoren. Andernfalls sinkt die Anzahl der Gutteile und damit die Ausbringung der Geräte.

Mit der stetigen Weiterentwicklung der Rechentechnik und der zunehmenden Leistungsfähigkeit von Rechnerprozessoren gewinnt auch der Einsatz programmierbarer Werkstückerkennungssensoren mehr an Bedeutung [SCHM 85]. Häufig wird im Zusammenhang mit der Werkstückhandhabung die Bildverarbeitung zur Lageerkennung von Bauteilen eingesetzt [SELI 92, WELL 92, WEND 92]. Komplette Applikationen hierzu werden z. B. von fast allen namhaften Roboterherstellern angeboten [ADEP 93, EPSO 93, SANK 93, STÄU 93]. Deren prinzipieller Aufbau besteht aus einem (SCARA-)Industrieroboter, welcher in der Nähe seines Greifers eine Kamera besitzt. Diese wird über dem zu greifenden Objekt positioniert, um ein Bild aufzunehmen. Die Lagekoordinaten des Objektes werden dann in Zusammenhang mit der aktuellen Roboterposition in Verfahrbefehle für die einzelnen Bewegungsachsen umgesetzt. Die Bauteile müssen sich für diese Anwendung in einem teilgeordneten Zustand, etwa auf der ebenen Fläche eines getakteten Förderbandes, und in Ruhe befinden, dürfen nicht übereinander oder im Haufwerk liegen.

Bei sich bewegenden Objekten, z. B. auf einem laufenden Förderband, vergrößert sich der Rechenaufwand exponetiell, da die Bewegungen der Roboterachsen mit dem Geschwindigkeitsprofil der Förderbandantriebe synchronisiert werden müssen. Die meisten Synchronisationslösungen sind heute noch nicht genau genug, um eine Handhabung von Kleinteilen für eine automatische Teilebereitstellung zu ermöglichen, da Positionierungenauigkeiten im Bereich von mehreren Millimetern bis zu Zentimetern auftreten [DIRN 93].

Bei getakteten Förderantrieben ist die Einsatzfähigkeit der Bildverarbeitung von der geforderten Taktzeit abhängig. Taktzeiten im Sekundenbereich, wie sie z. B. für Handhabungsaufgaben erforderlich und auch üblich sind, können zwar mit heutigen Bildverarbeitungssystemen bei binärer Bildauswertung (starker Hell-Dunkel-Kontrast) realisiert werden, aber deren Auflösung reicht in vielen Fällen nicht aus. Wesentlich interessanter, aber auch aufwendiger in Bezug auf Rechenleistung und Verarbeitungszeit und daher im industriellen Einsatz noch nicht etabliert, sind Grauwertbilder [NAGE 88].

Nachteilig an der Bildverarbeitung als Anwendung für die automatische Teilebereitstellung ist allerdings die Notwendigkeit freiprogrammierbarer, teurer Handhabungsgeräte und die eingeschränkte Anwendbarkeit für teilgeordnete Bauteile in stabiler Lage. Der sprichwörtliche "Griff in die Kiste" mit ungeordneten Bauteilen ist eine sehr schwierige und bis heute nicht allgemein gelöste Aufgabe [WARN 90a].

Ein völlig anderer Weg für die flexible, automatische Teilebereitstellung wurde von [N. N. 89] beschritten. Werkstückträger mit eingelassenen, produktspezifischen Bauteilnestern (Bild 2.5) werden dort auf einem Rütteltisch positioniert. Die in Schüttgutbehältern bevorrateten Teile werden in kleinen Portionen auf den Werkstückträger aufgebracht. Durch die laterale

Bild 2.5: Formnest-Werkstückträger für das automatische Teilepositioniersystem APOS von Sony [SCHM 93]

Rüttelbewegung des Tisches und die spezielle Ausformung der Nester gelangen die Bauteile stochastisch in die Bauteilnester. Es ist dem Zufall überlassen, wieviele Nester nach Ablauf einer bestimmten Zeit gefüllt sind. Der Nachteil dieses Systems ist, daß die produktspezifischen Bauteilnester ebenso wie die mechanischen Ordnungselemente eines Vibrationswendelfördertopfes durch Versuch und Irrtum ausgelegt werden müssen, da z. B. falsch in den Nestern liegende Bauteile durch die Rüttelbewegung und Blasdüsenunterstützung wieder hinausbefördert werden müssen und die Gestalt des Nestes nicht dem Negativabbild des entsprechenden Bauteils entspricht. Darüberhinaus ist die spanende oder urformende Herstellung der Werkstückträger sehr aufwendig.

Im Gegensatz zu den bisher vorgestellten Verfahren zur Flexibilisierung der automatischen Bauteilbereitstellung gibt es kaum Ansätze, die sich mit dem antriebslosen mechanischen Aufbau von Ordnungskomponenten schwingungsbetriebener Zuführgeräte beschäftigen [WEIS 83, WITT 84, SCHA 89]. Etliche Autoren haben sich zwar mit der Flexibilisierung von Montageanlagen auseinandergesetzt [SPUR 79, EVER 83, BILG 85, SELI 87, WECK 87, MILB 89a, DUNG 90, MAKI 90, MILB 90a, MILB 90b, WARN 90b, LOTT 92b, SCHM 92a, WEND 92], aber die automatische Teilebereitstellung für flexibel automatisierte Applikationen außer Acht gelassen. Ebenso wurden bereits Untersuchungen zur Auswahl von Fördermitteln [KETT 84] sowie zum Störungsverhalten automatischer Zuführgeräte und deren Auswirkungen auf die Verfügbarkeit von industriellen Montageanlagen angestellt [WIEN 84, ZIER 85]. Die Übertragbarkeit der dortigen Ergebnisse auf die heutige Situation in der Produktion ist allerdings zu überprüfen. Neueste Publikationen beschäftigen sich mit der Planung flexibler Zuführsysteme [WIEN 93] und dem geordneten Zuführen von Werkstücken [FELD 92, SCHM 93].

Die Flexibilisierung der Zuführgeräte für die automatische Teilebereitstellung in Montageanlagen wird daher wesentlicher Bestandteil der vorliegenden Arbeit sein. Im Vorfeld wurden bereits Ansätze erarbeitet, die die Möglichkeiten einer flexibel automatisierten Teilebereitstellung anhand unterschiedlicher Beispiele dokumentieren und die Entwicklung der Thematik bis zum heutigen Stand darstellen [MILB 91, ROCK 91, MILB 92, ROCK 93].

2.3 Problematik der konventionellen Teilebereitstellung

Die montagegerechte Bereitstellung der Bauteile stellt im Zusammenhang mit der Forderung nach Flexibilisierung von Montageanlagen ein zentrales Thema dar. Das Flexibilitätspotential der eingangs beschriebenen, konventionell eingesetzten Zuführeinrichtungen ist sehr gering. Während im Materialfluß bereits in zunehmendem Maß flexibel automatisierte Systeme, z. B. fahrerlose Transportsysteme (FTS), die bisher fast ausschließlich manuell bedienten Transportmittel ablösen, ist bisher auf Flexibilisierungsmaßnahmen im Bereich der Zuführgeräte und Ordnungseinrichtungen weitgehend verzichtet worden. Für jedes der verschiedenen für eine Montagelinie zuzuführenden Teile muß derzeit jeweils ein eigenes, starr angepaßtes Zuführgerät eingesetzt werden, um der Automatisierungsaufgabe gerecht zu werden (Bild 2.6). Die Komplexität und die Störungsanfälligkeit der eingesetzten Montageanlagen und deren Zuführ-, Ordnungs-, Vereinzelungs- und Positioniereinrichtungen wächst mit jeder zusätzlichen Komponente [LOTT 92b]. Da sich die einzelnen Störungen der Zuführgeräte direkt auf die nachgeschaltete Montage auswirken und dort multiplizieren, sind Verfügbarkeitseinbußen die Folge.

Zudem müssen die starren Geräte bei einer Änderung der Produktionsrandbedingungen gegen neue, wiederum starr produktangepaßte Zuführgeräte er-

Bild 2.6: Spezifische Zuführgeräte für jedes einzelne Bauteil

setzt werden. Der finanzielle Aufwand für eine Umrüstung und Anpassung der Zuführgeräte auf andere Teile kann die Investionskosten für ein Neugerät deutlich überschreiten.

Flexible Montageanlagen zeichnen sich dadurch aus, daß verschiedene Produkte oder mehrere Varianten eines Produktes damit montiert werden können. In der Peripherie dieser Anlagen muß eine den Varianten entsprechende Anzahl von Ordnungs- und Zuführkomponenten eingeplant werden, um der mangelnden Anpassungsfähigkeit der Geräte Rechnung zu tragen. Die mangelnde Flexibilität der Teilebereitstellung wirkt sich demnach bei flexiblen Montageanlagen noch gravierender aus als bei starren Montageautomaten. Die Anlagen sind noch komplexer aufgebaut als starre, aufwendiger zu steuern und sehr störungsanfällig, was den Nutzungsgrad schmälert und die Akzeptanzschwelle gegenüber flexiblen Systemen erhöht.

Als weiterer unerwünschter Effekt wächst mit zunehmender Anzahl der Geräte für Montagevarianten innerhalb einer flexiblen Anlage die Stillstandszeit des einzelnen Zuführgerätes. Da nur jeweils die Geräte einer Variante für die gerade ablaufende Montage genutzt werden können, stehen währenddessen jene für gerade nicht montierten Varianten still. Dadurch bleibt das investierte Kapital für diese Produktionsfaktoren nur unzureichend genutzt.

2.4 Zusammenfassung

Zusammenfassend stellt sich der derzeitige Stand der Technik auf dem Gebiet der automatischen Teilebereitstellung in Montageanlagen folgendermaßen dar:

Neben Ansätzen zur automatischen Kommissionierung im Bereich der Lagertechnik sowie Entwicklungen aus dem Bereich der Werkstückträger- und Magazintechnik existieren wenig Untersuchungen in Bezug auf die Weiter- oder Neuentwicklung sowie die Flexibilisierung der konventionellen Zuführgerätetechnik. Nahezu alle konkreten Vorschläge zur Verbesserung und Flexibilisierung der automatischen Teilebereitstellung mit Schwingfördergeräten konzentrieren sich auf den Einsatz von Sensorik und von bildverarbeitenden oder anderen optischen Hilfsmitteln.

Alle optischen Verfahren zur Flexibilisierung der automatischen Teilebereitstellung sind aber in ihrer Anwendung auf ein relativ eng begrenztes Teilespektrum, welches sich durch stabile Bauteillagen oder mehrfache Punktsysmmetrie auszeichnet, eingeschränkt. Darüberhinaus sind die optischen Systeme meist sehr teuer, sodaß ein wirtschaftlicher Einsatz im industriellen Umfeld fraglich bleibt.

Konkrete Ansätze zur Verbesserung der konventionellen Zuführtechnik in der automatischen Teilebereitstellung durch Flexibilisierung Ihrer Komponenten sowie Aussagen zum wirtschaftlichen Einsatz derselben fehlen bisher immer noch, obwohl das mangelnde Flexibilitätspotential der Teilebereitstellung bereits länger erkannt ist [LOTT 82, WITT 84].

Demgegenüber treten die Mängel der konventionellen Zuführgerätetechnik deutlich hervor. Die Geräte für die automatische Teilebereitstellung in Montageanlagen sind unflexibel, störungsanfällig, schlecht ausgelastet und führen zu wachsender Komplexität von Aufbau und Steuerung der Anlagen. Es wird deutlich, daß für eine wirtschaftliche und zeitgemäße Teilebereitstellung nach neuen, flexiblen Konzepten gesucht werden muß.

3 Zielsetzung und Vorgehen

In Anbetracht der mangelnden Anpassungsfähigkeit der konventionellen Zuführgerätetechnik an veränderliche Produktionsrandbedingungen, der im Vergleich zu anderen Produktionsbereichen niedrigen Gesamtverfügbarkeit von Montageanlagen, bedingt durch Störungen in der Teilezuführung, und des teilweise wenig wirtschaftlichen Einsatzes von Zuführgeräten für die automatische Teilebereitstellung in Montageanlagen, verfolgt die vorliegende Arbeit im einzelnen folgende Ziele:

- Anhand ausgewählter Montageanlagen aus dem Bereich der feinwerktechnischen und der Elektroindustrie sollen die Mängel der derzeitig eingesetzten Zuführgeräte zur automatischen Teilebereitstellung analysiert werden. Besonderer Wert wird hierbei neben betriebswirtschaftlichen Aspekten wie Investitionskosten, Raumbedarf und Personalbindung auf das Störungsverhalten, die Störungsursachen, die daraus resultierende Verfügbarkeit, die Auslastung und die Flexibilität der eingesetzten Zuführgeräte gelegt.
- Um widersprüchliche Bezeichnungen von Teilfunktionen der automatischen Teilebereitstellung zu vermeiden, soll diese einer systematischen Strukturierung unterzogen werden. Ausgehend vom eigentlichen Ordnungsprozeß sollen elementare Grundfunktionen des Zuführens, unabhängig vom einzelnen Zuführgerät, definiert werden, um eine Grundlage für Ansätze zur Flexibiliserung und Optimierung der automatischen Teilebereitstellung zu schaffen.
- Zur ganzheitlichen Optimierung der automatischen Teilebereitstellung in Montageanlagen sollen aus den Erkenntnissen der Analysen in der Industrie sowie aus den zuvor definierten Strukturierungen Ansätze zur Flexibilisierung der Zuführgeräte und ihrer Komponenten erarbeitet werden. Der Ansatz modular und flexibel aufgebauter Zuführgeräte soll die Entwicklung flexibler Ordnungszentren zur Magazinierung von Kleinteilen fördern, die letztlich in eine Systemlösung einer aus Ordnungssystem und Montagezellen zusammengesetzten flexiblen Montageanlage mündet.

Die im Rahmen der durchgeführten Untersuchungen erarbeiteten Konzepte werden schließlich einer wirtschaftlichen Bewertung unterzogen. Besonders sollen hier die in der Montage erzielten Produktivitätsgewinne durch die Verfügbarkeitssteigerung der Montageanlagen berücksichtigt werden, welche durch eine flexible Teilebereitstellung erreichbar sind. Verschiedene Alternativen der Teilebereitstellung können so an konkreten Beispielen gegenübergestellt und bewertet werden.

Die Ergebnisse sollen speziell auf die auftragsbezogene, variantenreiche Montage von Kleinteilen in kleinen bis mittleren Losgrößen bezogen werden. Unter sinnvollen Losgrößen sind in diesem Zusammenhang Einzelteilstückzahlen im Bereich von mehreren Tausend bis zu einigen zehntausend Bauteilen pro Los zu verstehen.

4 Analyse der automatischen Teilebereitstellung in Montageanlagen

4.1 Einordnung der automatischen Teilebereitstellung

4.1.1 Logistischer Pfad zur Montage

Die Wertschöpfung eines Produktes ist zum Zeitpunkt der Montage bereits weit fortgeschritten, sodaß Störungen im Produktionsablauf dort besonders verlustreich sein können [MILB 90a, SCHM 92a].

Ein hoher Anteil dieser Verfügbarkeitseinbußen geht zu Lasten der automatischen Teilebereitstellung, die, bezogen auf die gesamte Logistik in Produktionsunternehmen, nur einen kleinen Teil der für Fehler empfindlichen logistischen Versorgungskette für die Montage darstellt (Bild 4.1). Der logistische Pfad zur Montage erstreckt sich über die Disposition, die Lagerung und den Transport von Bauteilen bis hin zur automatischen Teilebereitstellung direkt in der Montageanlage. Die meisten Störungen an Montageanlagen ergeben sich beim letztgenannten Schritt. Einerseits spielt die Unzuverlässigkeit der

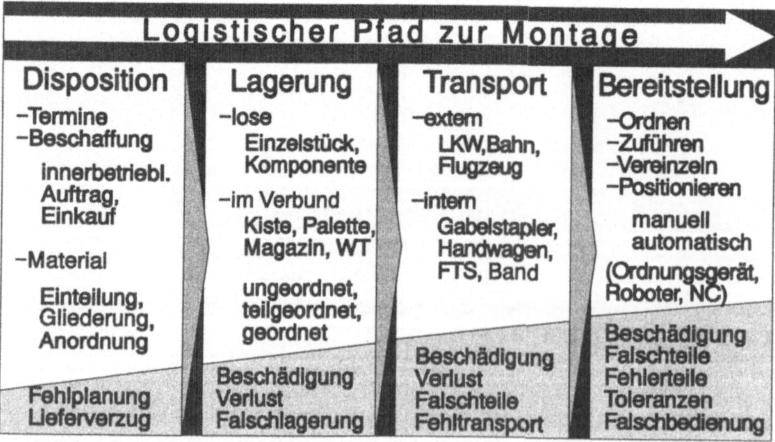

Bild 4.1: Wachsendes Fehlerpotential auf dem Weg zur Montage

eingesetzten Geräte eine zentrale Rolle, andererseits ergeben sich Störungen oft durch fehlerhafte Bauteile und fehlende oder mangelhafte Betreuung durch das Bedienpersonal. Störungen an automatischen Montageanlagen durch falsches oder fehlendes Material, was durch Unzulänglichkeiten bei Einkauf, Disposition oder Transport vorkommen kann, sind im Rahmen der durchgeführten Analyse im Vergleich dazu relativ selten aufgetreten.

4.1.2 Systemgrenzen zur Montage

Die durch die Montage zu verbindenden Bauteile müssen zu ihrer Handhabung bereitgestellt werden. Bei der manuellen Montage heißt dies lediglich, daß sich die Bauteile in Reichweite des Monteurs befinden müssen, damit dieser sie aufnehmen und zusammenfügen kann. Je ergonomischer die Anordnung der bereitgestellten Teile ausfällt, umso höher ist die Effektivität des manuellen Montageprozesses [LOTT 86, BICK 91].

Auch für automatische Montagesysteme ist eine ergonomische, d. h. montagegerechte Bereitstellung der Teile in definierter Position, Lage und Orientierung notwendig, damit z. B. ein Industrieroboter darauf zugreifen kann. Die in der Peripherie der automatischen Montageanlage befindlichen Zuführgeräte vergleichen die in mechanischen Sortier- und Orientiereinrichtungen gespeicherten Ordnungsinformationen binär mit den in Unordnung angelieferten Teilen, d. h. nur das richtige auf eine Ordnungsinformation der Ordnungseinrichtung passende Ordnungsmerkmal wird als wahr (1) interpretiert, das Bauteil entsprechend durchgelassen, während falsch (0) orientierte Teile abgewiesen oder umorientiert werden.

Zunächst spielt es dabei keine Rolle, zu welchem Zeitpunkt die Teile geordnet werden, denn eine Magazinierung von Teilen im Vorfeld der Montage erfüllt denselben Zweck. Die Systemgrenze zwischen Teilebereitstellung und Montage ist dort anzusiedeln, wo die Bauteile in geordneter Lage und Orientierung - und damit für eine eindeutige Positionierung zur Aufnahme durch das Montagewerkzeug - an das Montagesystem übergeben werden. Die automatische Teilebereitstellung ist somit **kein** fester Bestandteil der Montage. Der eigentliche Montageprozeß beginnt erst mit dem Greifen des positioniert bereitgestellten Teiles und endet mit dem Ablegen zusammengefügter Bauteile (Bild 4.2). Oft beginnt direkt nach dem Ablegen einer Baugruppe ein neuer Bereitstellungsvorgang, und der Ablauf wiederholt sich.

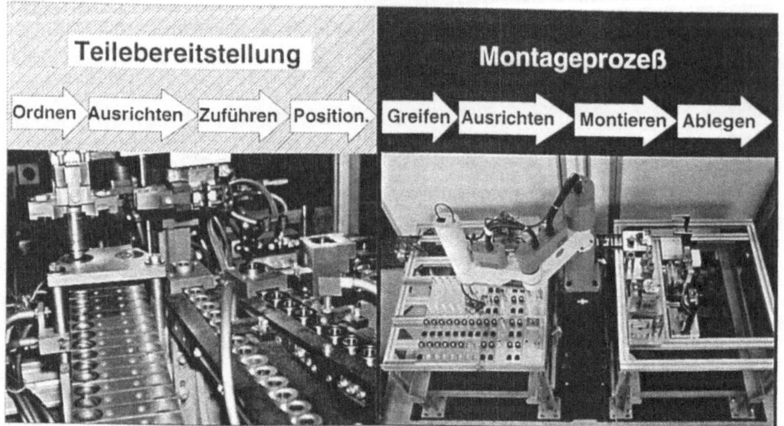

Bild 4.2: Systemgrenzen von Teilebereitstellung und Montage

Die automatische Bereitstellung von Bauteilen in Montageanlagen beinhaltet also alle Teilprozesse, die zur Überführung von Teilen aus einer beliebigen Unordnung, z. B. Schüttgut, Haufwerk, in einen Zustand beliebiger Ordnung, z. B. Reihe, Stapel, Ebene, notwendig sind. Der Teilprozeß *Ausrichten* kann dabei sowohl durch die Handhabungseinrichtung als auch, zu deren Entlastung, im Zuführgerät durchgeführt werden.

4.2 Ziel und Vorgehen der Analyse

Ziel der Situationsanalyse ist es, den Stand der Technik in Bezug auf die automatische Teilebereitstellung zu erfassen, Anforderungen und Probleme bei der Teilezuführung je nach Bereitstellungsart zu ermitteln sowie ein Angebots- und Nachfrageprofil des Marktes für die automatische Teilebereitstellung zu erstellen. Da moderne Montagesysteme anpassungsfähig gegenüber veränderlichen Produktionsrandbedingungen sein müssen, um kürzeren Produktlebenszyklen und Variantenreichtum gerecht zu werden, sollte insbesondere die

Flexibilität von Ordnungs- und Zuführgeräten kritisch betrachtet werden. Ferner soll eine Schwachstellenanalyse der konventionellen Zuführtechnik Möglichkeiten für Ansätze zur Erhöhung des Nutzgrades sowie zur Flexibilisierung und Standardisierung der eingesetzten Komponenten in der automatischen Teilebereitstellung aufzeigen .

Erreicht wurde dies mit Hilfe von Umfragen bei Anwendern und Herstellern von Zuführgeräten, Einzelbeobachtungen und Befragung von Bedienpersonal an ausgewählten Montageanlagen sowie Materialflußanalysen an Produkten aus dem Kleingerätebereich. Ingesamt wurden 13 Montageanlagen mit 125 Zuführgeräten untersucht. Bei 43 Herstellern von Bereitstellungseinrichtungen wurden anhand von Angeboten sowie durch mündliche und schriftliche Befragung Informationen eingeholt.

4.3 Schwerpunktsetzung im Vorfeld der Analyse

Ausgehend von der Konstruktion der Geräte sollen insbesondere die Auslastung, die Verfügbarkeit sowie das Störungsverhalten und die Störungsursachen von Zuführgeräten analysiert werden. Ein weiterer wichtiger Punkt wird, im direkten Zusammenhang mit der Entwicklung und dem Bau von Zuführgeräten, die Beurteilung der Flexibilität solcher Geräte sein. Ferner sollen Aussagen zu Einsatz und Raumbedarf sowie zur Personalbindung von Zuführgeräten getroffen werden können sowie an ausgewählten Beispielen die Investitionskosten für Zuführgeräte aufgezeigt werden.

4.4 Auslegung und Nutzung von Zuführgeräten

4.4.1 Konstruktion und Entwicklung

Die Gestaltung und der Aufbau eines Zuführgerätes richtet sich in der Regel nach dem jeweiligen für die Montage bereitzustellenden Bauteil. Genau genommen ist jedes Gerät eine Sonderkonstruktion, die als Einzelanfertigung hergestellt wird. Entscheidend für den Geräteaufbau sind die Teilegeometrie sowie die physikalischen Eigenschaften des Bauteils einzeln und im Teileverbund. Eine Konstruktion als Bestandteil der Produktentwicklung findet daher in den meisten Fällen nicht statt [FIMO 92, SIM 92]. Für unterschiedliche Bauteilgrößen und Bauteilmengen gibt es, am Beispiel des Vibrationswendelförderers, verschiedene Topfdurchmesser mit verschiedenen Wendelbreiten (Bild 4.3). Diese werden als Variantenkonstruktion für die einzelne Anwendung konzipiert und gebaut. Zum Teil werden diese Rohtöpfe aus Blechen von Hand zusammengeschweißt, zum Teil aber auch gegossen [RNA 93].

Die Rohtöpfe enthalten, abgesehen von der bereits erwähnten Berücksichtigung von Teilegröße und -menge, noch keine bauteilspezifischen Ordnungselemente. Diese werden manuell von einem Werker eingebaut und angepaßt. Die Erfahrung des Facharbeiters spielt daher bei der Auslegung eines Ordnungsgerätes eine zentrale Rolle. Aufgrund seiner Erfahrung weiß dieser nach Betrachtung der zu ordnenden Bauteile in etwa, wie die Ordnungsfunktionselemente des Gerätes anzuordnen und auszulegen sind und setzt dieses Wissen in Form eines ersten Geräteaufbaus um. Die weitere Arbeit beschränkt sich darauf, die Ordnungselemente der Erstauslegung zu optimieren, was in der Regel dadurch geschieht, daß der Topf mit Teilen gefüllt wird um zu sehen, wie diese sich verhalten und wie wirkungsvoll die Ordnungselemente sind. Dieser Prozeß wird iterativ solange fortgesetzt, bis das gewünschte Ergebnis erreicht ist. Die Dauer der Anpassung hängt letztlich von der Schwierigkeit der Ordnungsaufgabe und dem Können des Werkers ab.

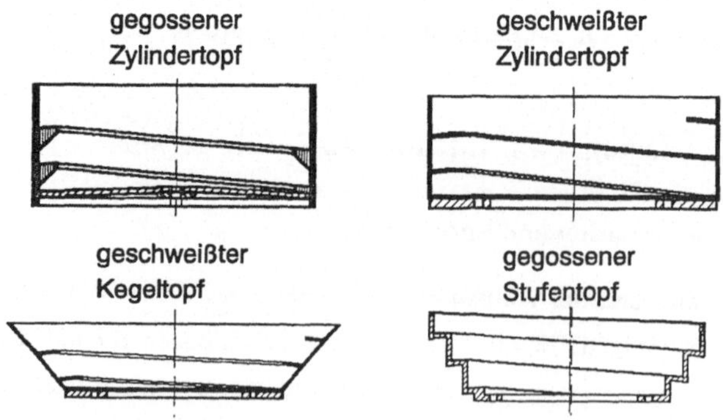

Bild 4.3: Topfaufsätze für Vibrationswendelförderer [RNA 93]

Recherchen bei Anbietern von Zuführgeräten haben ergeben, daß dieses Ergebnis kaum dokumentiert wird [BOSC 92, SIM 92]. Eine Konstruktionszeichnung des gefertigten Gerätes wird nicht erstellt, da sich die manuell erzeugte Geometrie der Ordnungsfunktionselemente nicht abbilden läßt, allenfalls wird das Gerät fotografiert. Dies bedeutet, daß die langwierig für ein bestimmtes Bauteil erarbeitete Ordnungsinformation in Form der Ordnungsfunktionselemente nach der Geräteauslieferung wieder verloren geht, eine Wiederholbarkeit bestimmter Auslegungsdaten also nicht realisierbar ist. Im konkreten Fall [BOSC 92] war es nicht möglich, für ein bestimmtes Bauteil nach einem Zeitraum von fünf Jahren ein zweites Ordnungsgerät derselben Konfiguration nachzubestellen.

4.4.2 Investionskosten

In den meisten Fällen werden derzeit Aufträge an Hersteller von Ordnungsgeräten für die automatische Teilebereitstellung vergeben, ohne vorher zu prüfen, welche Alternativen außer dem Einsatz eines produktspezifischen Ordnungsgerätes gegeben sind. Dieses Verhalten basiert im wesentlichen auf der Erfahrung, daß Vibrationswendelförderer gewissermaßen zum Standarderscheinungsbild einer Montage gehören. Durch deren vordergründig einfach wirkendem Aufbau, den einfachen Antrieb und die vom Hersteller propagierte Zuverlässigkeit werden geringe Kosten bei geringer Störungsanfälligkeit der Ordnungsgeräte für die Schüttgutbereitstellung erwartet.

Die Kosten für ein Ordnungsgerät werden aber im wesentlichen durch die Schwierigkeit der Ordnungsaufgabe und dem daraus resultierenden Aufwand für die Fertigung der Ordnungsschikane bestimmt (vgl. 4.4.1). Entsprechend der Ordnungschwierigkeit kann die Fertigungsdauer eines Gerätes zwischen wenigen Stunden bis zu mehreren Wochen betragen. Die Anpassungszeit und damit die Kosten des Gerätes werden also hauptsächlich durch den Arbeitslohn bestimmt. Dementsprechend variieren die Preise für Fördergeräte zwischen DM 3.000,-- bis DM 50.000,-- in Abhängigkeit von der einzelnen Anwendung.

Das Fördergerät alleine reicht in der Regel für die automatische Teilebereitstellung an Montageanlagen selten aus. Selbst ein einfacher Rütteltopf kostet ca. DM 3.000,-- bis 7.000,-- ohne aufwendige Ordnungschikanen und ohne Zubehör. Die Befragung bei Anwendern und Herstellern hat ergeben, daß die Investitionskosten oft weit höher liegen, da neben dem Gerät weitere Kosten für die Peripherie anfallen (Bild 4.4).

Zuführgerät (je nach Bauteil)	**DM 5.000 - 50.000,--**
+ lineare Förderstrecke	**DM 1.500 - 2.000,--**
+ Zuteilbunker	**DM 500 - 10.000,--**
+ Steuerung (Füllstand, Puffer)	**DM 2.500 - 10.000,--**
+ Hilfseinrichtungen, z. B. Tisch, Bodenständer, Niveausteuerung etc.	**DM ab ca. 1.000,--**

Bild 4.4: Ermittelte Kostenstreuung für Zuführgeräte und Peripherie

Zur Verdeutlichung der Preisstreuung infolge der unterschiedlichen Ordnungsschwierigkeit sollen die Investionskosten für Zuführgeräte an zwei konkreten, direkt aus Angeboten entnommenen Beispielen dargelegt werden:

Beispiel 1: Angebot eines Zuführgerätes für einen symmetrischen Dichtring, Durchmesser 17x2,5mm [FIMO 89].

Der Dichtring ist ein punktsymmetrischer Körper, der maximal 3 verschiedene Bauteillagen annehmen kann (Bild 4.5). Zwei dieser Bauteillagen sind identisch und zugleich mechanisch stabile Vorzugslagen, die dritte Lage ist mechanisch instabil und hat somit für den Ordnungsprozeß keine Bedeutung. Der Dichtring ist nicht elastisch und

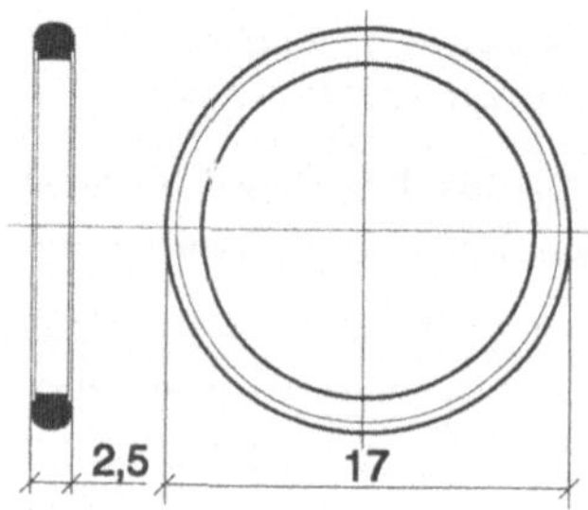

Bild 4.5: Dichtring

verhält sich also wie eine Scheibe. Aufgabe des Ordnungsgerätes ist es also lediglich, übereinanderliegende Bauteile zu trennen und hintereinander aufzureihen. Das Angebot für das in Bild 4.6 gezeigte Ordnungsgerät beziffert folgende Kosten:

Zuführgerät Vibrationswendelförderer, 300mm-Topf	DM	3.575,--
Linearförderer , 500mm Länge	DM	1.450,--
Positioniereinrichtung und Grundgestell	DM	7.600,--
Steuerung incl. Lichtschranke	DM	1.220,--
Lärmdämmungshaube (optional)	DM	850,--
Gesamtkosten ohne MwSt.	**DM**	**14.695,--**

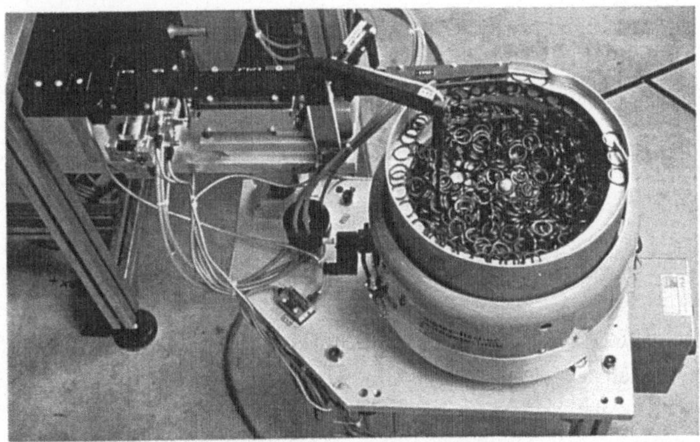

Bild 4.6: Realisiertes Zuführgerät für Dichtringe

Beispiel 2: Angebot eines Zuführgerätes für symmetrische O-Ringe, Durchmesser 22mm, Schnurstärke 1,3mm [OHRM 89].

Die O-Ringe werden aus einem Sortiertopf jeweils paarweise zur Montage bereitgestellt (Bild 4.7). Insgesamt sind für Zuführgerät, Doppelpositioniervorrichtung und Gestell **ohne** Steuerung DM 41.300,-- zu bezahlen.

Die Beispiel zeigen, daß die Kosten der automatischen Bereitstellung trotz relativ einfach geformter Teile nicht unterschätzt werden dürfen. In Abhän-

Bild 4.7: Realisiertes Zuführgerät für O-Ringe

gigkeit der Schwierigkeit der Ordnungsaufgabe kann der Investitionskostenanteil für die Teilebereitstellung in Montageanlagen mehr als 20% erreichen.

4.4.3 Einsatzhäufigkeit und Flächenbedarf

Nach den Ergebnissen der durchgeführten Analyse werden derzeit für die automatische Teilebereitstellung an Montageanlagen zu über 80% Vibrationswendelförderer und zu ca. 10% Schrägbandförderer als Ordnungsgeräte eingesetzt. Andere Fördergeräte spielen nur eine untergeordnete Rolle und decken gleichmäßig verteilt den Rest des Spektrums ab (Bild 4.8). Sie werden meist nur für spezielle Anwendungen betrieben. Als Beispiel sei hier ein Zentrifugalförderer genannt, der für sehr hohe Ausbringleistungen im Bereich von mehreren Teilen pro Sekunde eingesetzt wird (vgl. Kap. 1.2.2.3). Fast ausnahmslos sind die Vibrationswen-

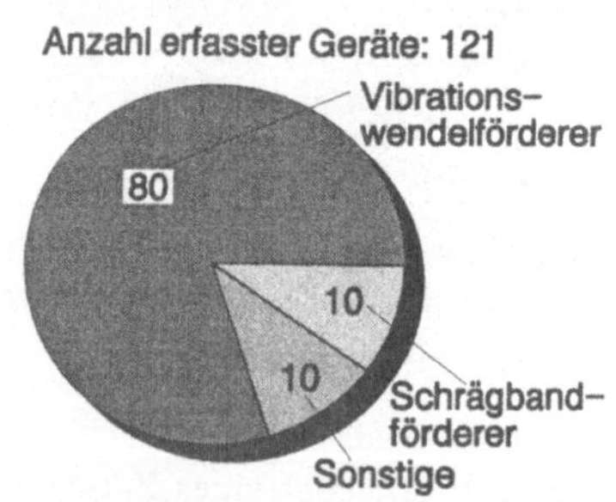

Bild 4.8: Verteilung eingesetzter Zuführgerätetypen [%]

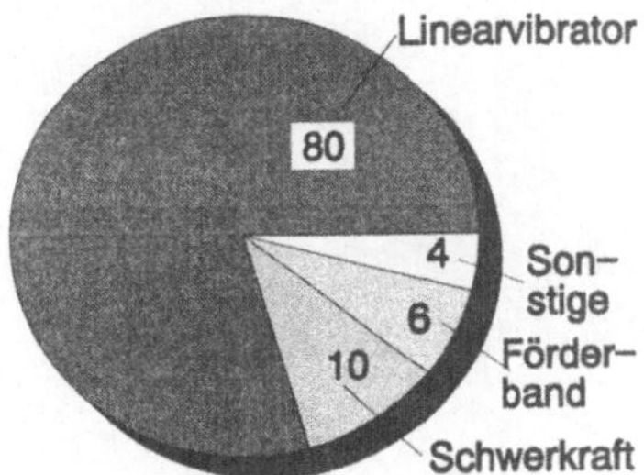

Bild 4.9: Verteilung eingesetzter Pufferantriebe [%]

delförderer mit linearen Förderstrecken zur Pufferung der geordneten Bauteile sowie zur Beschickung von Positionier- und Vereinzelungseinrichtungen ausgestattet. Als Pufferantrieb sind zu ca. 80% Linearvibratoren in Betrieb. Nur in 10% der Fälle wird Gravitation als treibende Kraft für die Teilezuführung aus dem Puffer genutzt (Bild 4.9). Andere Antriebe, z.B. Förderbänder, werden nur vereinzelt für die Bauteilzuführung eingesetzt.

Der Flächenbedarf für eine Montageanlage läßt sich allgemein unterteilen in die Fläche der darin integrierten Geräte und in den Flächenbedarf vor Ort gelagerter Teile. Letztere außerhalb der Montageanlage benötigte Fläche stellt einen Puffer für den Materialfluß innerhalb von Werkeinheiten dar [VDI 3300]. Die Größe der Fläche wird einerseits durch die Versorgungssicherheit, d.h. die Termintreue von Teilelieferungen, und andererseits durch den vom Montagetakt abhängigen Teileverbrauch pro Zeiteinheit bestimmt, was von den Einsatzbedingungen der jeweiligen Anlage abhängt. Es wurde daher darauf verzichtet, hier den Flächenbedarf für vor Ort gelagerte Kleinteile zu ermitteln.

Größeren Einfluß auf die Ausdehnung einer Montageanlage als die Lagerhaltung vor Ort hat der Flächenbedarf der darin integrierten Ordnungs- und Zuführgeräte. Nach den Ergebnissen der Analyse resultiert der Flächenbedarf einer Montageanlage durchschnittlich zu 25% aus der Fläche für die eingesetzten Zuführgeräte (Bild 4.10). Hierunter sind lediglich die Zuführgeräte sowie die Zuführungen und Puffereinrichtungen zu verstehen.

Bauartbedingt benötigen bei vergleichbarem Fördergut die Vibrationswendelförderer den meisten Raum, da die zu ordnenden Teile großflächig über den kegeligen Bunker verteilt sind und tangential zum Gerät angeordnete Linearförderstrecken die Distanz bis zur Abnahmeposition überbrücken. Bei der

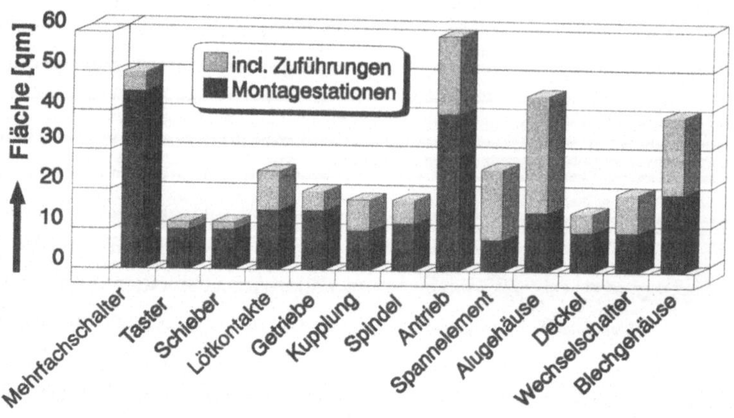

Bild 4.10: Raumbedarf automatischer Teilebereitstellung an Montageanlagen

automatischen Bereitstellung von ungeordneten Teilen als Schüttgut ist der benötigte Raum in die Fläche für Bunker und Puffer zu unterteilen. Die Bunkerkapazität eines Zuführgerätes reicht je nach Bauteilgröße für 30 Minuten bis zu mehreren Stunden. Der Flächenbedarf eines Bunkers beträgt i.a. zwischen 0,25m^2 und 1m^2. Pro Fördergerät kann, bei Berücksichtigung der Zugänglichkeit, ein Flächenbedarf von ca. 1m^2 gerechnet werden. Die Kapazität des Puffers sollte für mindestens zwei Minuten Betriebszeit ausreichen [LOTT 92b]. Dementsprechend errechnet sich die Länge des Puffers aus der Anzahl der für zwei Minuten Laufzeit benötigten Teile. Die vom Puffer, meist ein Linearvibrator, in Anspruch genommene Fläche für die zuzuführenden Kleinteile ist im allgemeinen sehr gering. Allerdings bewirkt die horizontale Pufferanordnung, tangential zum Fördertopf und im rechten Winkel zur Transportrichtung einer Montagelinie, daß sich der Anlagenumriß oft um ein Vielfaches gegenüber dem Flächenbedarf der Montagekomponenten selbst erhöht. Die konventionelle Anordnung der Zuführgeräte bewirkt so neben den Raumkosten auch zusätzliche Peripheriekosten wegen der entsprechend zusätzlich für die Teilezuführung benötigten Transportstrecken. Im konkreten Beispiel verlängert sich die Montageanlage und deren Transportvorrichtungen durch die Anordnung der Ordnungsgeräte um ca. fünf Meter (Bild 4.11).

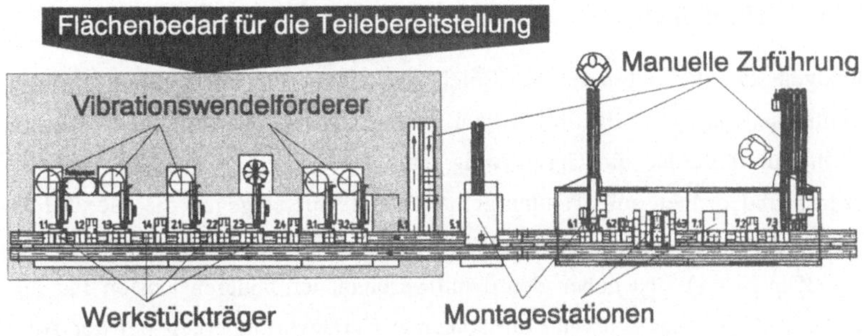

Bild 4.11: Anordnung von Zuführgeräten an realer Montagelinie [META 92]

Noch deutlicher wird der Unterschied des eigentlich benötigten Montagearbeitsraumes im Vergleich zum gesamten Platzbedarf einer Montagezelle bei der Verwendung von Industrierobotern. Trotz konsequenter Ausnutzung des Roboterarbeitsraumes durch geeignete Plazierung der automatischen Teilebereitstellungskomponenten ist die gemeinsam mit Zuführgeräten belegte Montagefläche doppelt so groß wie der Arbeitsraum selbst (Bild 4.12).

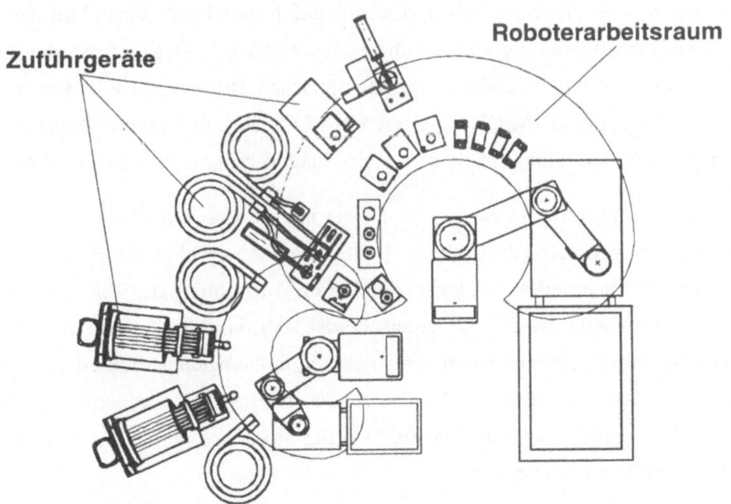

Bild 4.12: Anordnung von Zuführgeräten um den Arbeitsraum von Industrierobotern in einer flexiblen Montagezelle nach [WARN 91]

4.4.4 Flexibilität

Bezogen auf die automatische Teilebereitstellung als Bestandteil flexibler Montageanlagen wird Flexibilität von Seiten der Gerätehersteller oft insofern fehlinterpretiert, daß ein Gerät völlig ohne Änderung verschiedene Bauteile fördern und ordnen soll. Hauptargument der Anbieter gegen die Flexibilität - und damit gegen die gerade beschriebene Idealform der internen Flexibilität (vgl. Kap. 2.1.1) - ist neben den damit verbundenen höheren Kosten für den größeren Anpassungsaufwand die sinkende Geräteverfügbarkeit bei der Auslegung von Ordnungskomponenten für mehrere, geometrisch verschiedene, Bauteile. Dieser Nachteil ist nicht von der Hand zu weisen, da durch die Anpassung von Ordnungskomponenten für mehrere Bauteile mit einer erhöhten Störanfälligkeit zu rechnen ist, da die mechanische Auflösbarkeit der Bauteilinformation mit steigender Anzahl der zu erkennenden Merkmale abnimmt. In einem speziellen Fall der Analyse führte dies zu einer Verfügbarkeit der Zuführung von nur ca. 80 %, verbunden mit dem ständigen manuellen Eingreifen des Bedieners [RAFI 92].

Die weiteren Recherchen haben ergeben, daß bisher kaum Bestrebungen zur externen Flexibilisierung von Zuführgeräten existieren. Dagegen werden eine Reihe von Geräten angeboten, die mit optischen Hilfsmitteln arbeiten, z. B. CCD-Zeilenkameras [MRW 90, RNA 93, ECCA 92], und durch Umprogrammierung intern flexibel für mehr als ein Bauteil eingesetzt werden können.

Sieht man von diesen Lösungen ab, ist die *interne Flexibilität* von Ordnungsgeräten auf geometrisch ähnliche Bauteile oder auf eine Teilefamilie mit gleichen Abfragemerkmalen zur lagerichtigen Ausrichtung der Teile begrenzt. Ein derart strukturiertes Gerät unterscheidet sich dann im Aufbau aber prinzipiell nicht von einem Gerät, welches für ein einzelnes Bauteil gefertigt wurde. Andere Ansätze zur Erhöhung der internen Geräteflexibilität sind wegen der bereits beschriebenen Häufung der Störungen in den meisten Fällen nicht praktikabel (siehe oben).

In Bezug auf Nutzung der *externen Flexibilität* z. B. durch Austausch von Gerätekomponenten, konnte die Analyse des Marktes allerdings keine konkreten Ansätze aufzeigen. Dies resultiert zum einen aus der Gerätekomplexität, zum anderen aus der vorher beschriebenen, mißverständlichen Interpretation des Flexibilitätsbegriffes selbst. Im Verlauf der Analyse wurden Ordnungsgeräte von 43 Anbietern hinsichtlich ihrer Flexibilität bewertet (Bild 4.13).

Wie aus der Grafik zu entnehmen ist, bieten alle befragten Hersteller die *Anfertigung der Geräte nach Kundenwunsch* an. D. h., daß eine kundenauftragsbezogene, starre Geräteauslegung anhand von Musterteilen erfolgt.

Umrüstmöglichkeiten an den Geräten bestehen im allgemeinen lediglich durch *Austausch der gesamten Ordnungseinrichtung*, die noch von relativ vielen Hestellern angeboten wird. Bei Vibrationswendelförderern betrifft dies z. B. den Austausch des gesamten Fördertopfes mit den darin integrierten, starr angepaßten Ordnungskomponenten. Bauteile mit größeren Unterscheidungmerkmalen können auf diese Weise bei identischem Antrieb durch Austausch des gesamten Rütteltopfes zugeführt werden. In der Mehrzahl der Fälle ist jedoch der Rüstaufwand hierfür zu groß, da der Austauschtopf sowohl in Bezug auf den Antrieb als auch zur Peripherie justiert werden muß. In aller Regel wird zugunsten der Inbetriebnahme eines zusätzlichen Gerätes auf solche Maßnahmen verzichtet.

Eine auf ein Bauteilspektrum begrenzte interne Flexibilität bieten Geräte, die von vornherein *umrüstbar für eine Teilefamilie* ausgelegt sind, bzw. durch Verstellen und Justieren einzelner Ordnungselemente angepaßt werden können. Diese Geräte können aber nicht für grundsätzlich unterschiedliche Teilegeometrien eingesetzt werden.

Austauschbare Ordnungskomponenten ab Fertigung oder *nachträglich austauschbare Ordnungsenrichtungen* werden nur auf spezielle Anfrage von wenigen Herstellern eingebaut, aber nicht angeboten. Der Austausch bezieht sich dann auf einzelne Funktionsträger, also z. B. Ordnungsschikanen, und nicht auf den ganzen Fördertopf. Vorraussetzung hierfür ist allerdings, daß eine Umrüstung für andere Teile bereits bei der Geräteauslegung berücksichtigt wird. Die Funktionssicherheit dieser Geräte konnte im Rahmen dieser Analyse allerdings nicht überprüft werden.

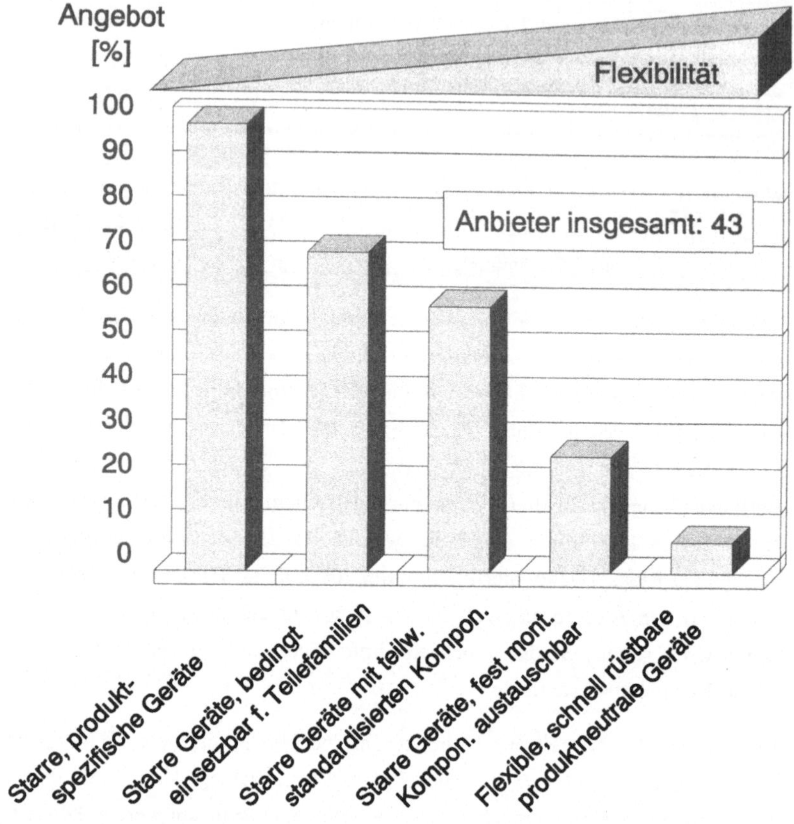

Bild 4.13: Flexibilität der auf dem Markt angebotenen Zuführgeräte

Den bisherigen Ausführungen ist hinzuzufügen, daß bei allen bisher genannten Umrüstmöglichkeiten die austauschbaren Elemente eines Ordnungsgerätes manuell gerüstet und justiert werden müssen. Wechselvorrichtungen, die ein schnelles Rüsten ohne Nachjustierung erlauben, wurden in keinem Fall angeboten. Die Zeit zur Umrüstung kann demzufolge 30 Minuten, aber auch mehrere Stunden betragen, wenn bei der Justierung die Funktion des Gerätes mehrfach durch Testbetrieb überprüft werden muß. Die Folge ist, daß die angebotenen Geräte trotz teilweise vorhandenen Austauschkomponenten für eine flexible Montage mit schnellem Produktwechsel kaum geeignet sind.

Die größte (interne) Flexibilität bieten, wie bereits eingangs erwähnt, Geräte mit einem optischen Erkennungssystem. Obwohl das Funktionsprinzip einer CCD-Zeile seit längerem bekannt ist, gelang erst Ende der 80er Jahre ein funktionssicherer Einsatz [MRW 89]. Ähnliche Geräte werden mittlerweile auch von anderen Herstellern angeboten (Fastenrath, L.D.M.). Der Nachteil der optischen Geräte neben ihrem verhältnismäßig hohen Preis ist, daß die zu ordnenden Teile, während sie an der CCD-Zeile vorbeigefördert werden, eine mechanisch stabile Lage einnehmen müssen, da jeweils der Schattenriß eines einprogrammierten Referenzteiles mit den vorbeigeförderten Teilen verglichen wird. Dadurch wird das in Frage kommende Bauteilspektrum eingeschränkt. Ein weiterer Nachteil dieser Geräte ist es, daß nur zwischen Gut- und Schlechtteil unterschieden werden kann, sofern keine aktiven, mitunter aufwendigen Nachpositioniereinrichtungen vorhanden sind. Das heißt, daß z. B. von den sechs möglichen Lagen eines Würfels bei einer definierten Wunschlage statistisch nur ein sechstel der Teile die richtige Lage hat und alle restlichen Lagen abgewiesen werden. Dies entspricht einem Absinken der theoretisch möglichen Förderleistung des Gerätes auf nahezu 17 Prozent.

4.4.5 Auslastung und technische Verfügbarkeit

Ein Prinzip der Wirtschaftlichkeit ist die konsequente Ausnutzung der eingesetzten Produktionsfaktoren, da die erbrachte Produktionsleistung in Beziehung zu den Kosten für deren Erstellung gesetzt werden muß [GUTE 83]. Bei den konventionell zur automatischen Teilebereitstellung eingesetzten Ordnungs- und Zuführgeräten sind aber nach dem Ergebnis der durchgeführten Analyse ablaufbedingte Stillstandszeiten von bis zu 90 Prozent keine Seltenheit. Die geringe Auslastung der Geräte ist einerseits darin begründet, daß die Ausbringung der Geräte sehr viel höher ist, als dies für die Anforderungszyklen der Montage notwendig wäre. Insbesondere bei der automatischen Montage mit Industrierobotern entstehen oft Taktzeiten im Bereich bis zu einer Minute, währenddessen keine Bauteile angefordert werden. Verantwortlich für geringe Geräteausnutzung ist aber auch der redundante Einsatz von Geräten z. B. dann, wenn in einer Montagelinie dasselbe Teil zu verschiedenen Zeiten und an mehreren Orten benötigt wird.

Neben dem Auslastungsdefizit durch die Teileanforderung sorgt zum anderen die Geräteauslegung für ein Überangebot an Ausbringleistung. Von Herstellerseite z. B. werden die Geräte von Haus aus um ca. 20 % der tatsächlich benötigten Förderleistung überdimensioniert. Damit soll gewährleistet werden, daß die Teilepuffer nach einer Störung schnellstmöglich wieder gefüllt werden können. Die gewünschten Förderleistungen im Pflichtenheft für den Zuführgerätehersteller sind oft ebenfalls mit eingerechneten Sicherheitsfaktoren von 1,2 bis 1,25 versehen, sodaß die Zuführgeräte zusammen mit der bereits ab Hersteller vorgesehenen Überdimensionierung z.T. mehr als 50% Überkapazität aufweisen [EGO 93, FEST 93, META 93, RAFI 93, SIEM 92].

Ein weiterer Grund für die schlechte Auslastung der Geräte ist die wechselweise Montage von verschiedenen Produkten auf einer Anlage. Im Bereich der flexiblen, auftragsbezogenen Montage von kleinen Losen kommt es häufig vor, daß für bestimmte Produktvarianten weniger oder gar keine Teile aus der einzelnen Zuführung entnommen werden. Im letzteren Fall bleiben die betreffenden, nicht benötigten Bereitstellungseinrichtungen über einen längeren Zeitraum ungenutzt (vgl. Kap. 2.3).

Die Analyseergebnisse in Bild 4.14 unterstreichen die häufig nur sehr geringe Auslastung der Zuführgeräte. Ca. 40% der 121 untersuchten Zuführgeräte

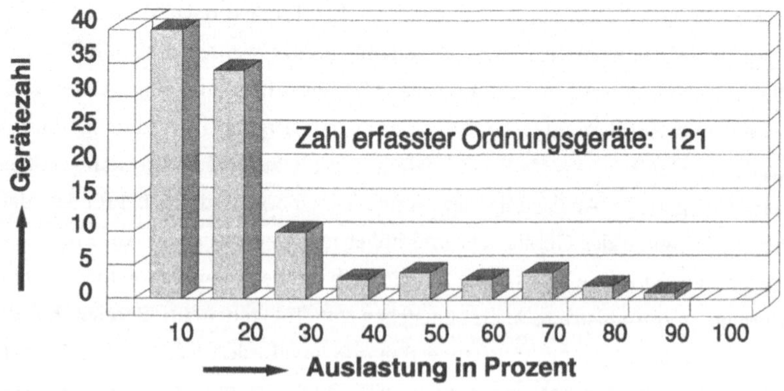

Bild 4.14: Auslastung von Zuführgeräten an realen Montageanlagen

waren nur zu 10% ausgelastet, bei ca. 35% der Geräte lag die Auslastung bei 20% und nur 4 Geräte waren mit mehr als 80% Auslastung registriert.

4.4.6 Störungsverhalten und Störungsursachen

Eine Störung in den automatischen Teilebereitstellungseinrichtungen ist nicht stets gleichbedeutend mit dem Stillstand der Montage. Ob eine Unterbrechung der Montage festzustellen ist, ist abhängig von der Möglichkeit, die Störung mit Hilfe eines Puffers abzufangen und in der Zeit bis zur Entleerung des Puffers zu beheben.

Wie eine Analyse von [ZIER 85] an 25 Anlagen mit insgesamt 125 Zuführeinheiten ergab, führt nur ca. jede zweite manuell zu behebende Störung zu einem Stillstand der Montage. Aus der dort ermittelten störungsfreien Laufdauer MTBF (Mean Time Between Failure) der Anlagen und der Zahl der Zuführeinheiten je Anlage muß durchschnittlich je Zuführeinheit mit ca. 5 Störungen pro Stunde und einer durchschnittlichen Dauer jeder Störung von ca. 60 Sekunden gerechnet werden. Diese Angaben wurden zur Bewertung der vorliegenden Analyse herangezogen, wonach ein Zuführgerät für die automatische Teilebereitstellung dann als überdurchschnittlich störanfällig klassifiziert wird, wenn mehr als 5 Störungen pro Stunde auftreten. Dies entspricht bereits 8,3 % der Betriebszeit des einzelnen Zuführgerätes.

Wie auch bei [ZIER 85] festgestellt wurde, ergeben sich Störungen in der automatischen Teilebereitstellung hauptsächlich aus der Störanfälligkeit der eigentlichen Zuführgeräte selbst, da Störungen in den Puffereinrichtungen meist im Promillebereich liegen. Die häufigsten Störungsursachen bei automatischen Zuführgeräten sind:

- Verhaken, Überlappen und Verklemmen der Bauteile in der Zuführung,
- Verformung des Bauteils (u.U. erst beim Zuführen durch den Rüttler),
- fehlerhafte Bauteile (z.B. Absatz nicht ausgeprägt, Grate vorhanden),
- Toleranzfehler (z.B. bei Wechsel des Herstellungsverfahrens oder des Werkstoffs),

- Verschmutzung in der Zuführung (z. B.Abrieb, Staub, Ölnebel, Fett etc.),
- falsche Teile durch Unachtsamkeit bei der Bunkerbefüllung.

Die meisten Störungen lassen sich durch einen minimalen manuellen Handgriff beheben. Sofern der Anlagenbediener anwesend, nicht anderweitig beschäftigt ist und die Störung rechtzeitig erkennt, lassen sich so Auswirkungen auf den Montageprozeß selbst vermeiden. In der von [ZIER 85] durchgeführten Analyse von Zuführsystemen wird deshalb sinnvoll in störungsfreie Laufdauer, personalfreie Laufdauer und stillstandsfreie Laufdauer von Montageanlagen unterschieden.

Im Rahmen der hier durchgeführten Analyse wurde darauf verzichtet, die umfangreichen Untersuchungen von [ZIER 85] zu wiederholen. Die Störungen wurden lediglich hinsichtlich ihres Auftretens in den verschiedenen Komponenten der Zuführeinheit unterschieden, um die heutige Situation zu erfassen und mit den früheren Untersuchungen zu vergleichen. Wie aus Bild 4.15 zu ersehen ist, tritt nach den Ergebnissen der vorliegenden Analyse als häufigster Faktor für in Montageanlagen auftretenden Störungen der Ordnungsbereich in den Vordergrund. Diese Tatsache läßt darauf schließen, daß im Vergleich zu den früheren Untersuchungen noch keine Verbesserungen in Bezug auf die Störanfälligkeit der Zuführgeräte erreicht wurde.

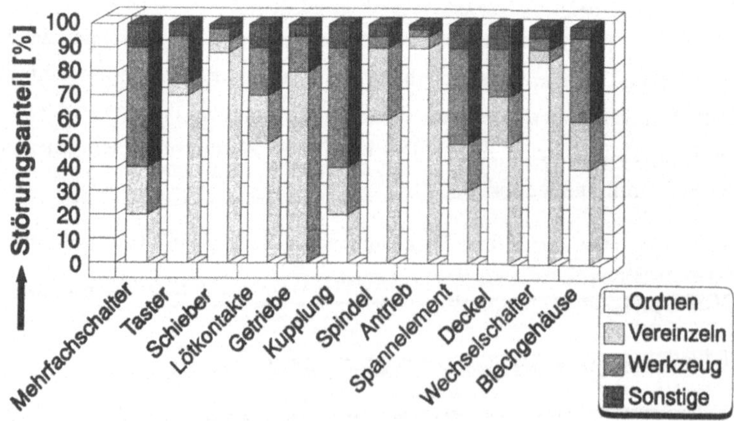

Bild 4.15: Häufigkeit von Störungen an den analysierten Montageanlagen

Im Durchschnitt treten etwa 35 % der Störungen in Montageanlagen im Bereich der Teilebereitstellung auf. Im Einzelfall sind aber auch wesentlich höhere Werte ermittelt worden, z. B. über 80% an den Montageanlagen für den Schieber, den Antrieb und den Deckel (siehe Bild 4.15). Störungsquellen außerhalb der Zuführkomponenten, z.B. im Steuerungsbereich, wurden im Schaubild als "Sonstige" zusammengefaßt.

4.4.7 Verfügbarkeitsverlust der Montage durch die Teilebereitstellung

Der Verfügbarkeitsverlust von Montageanlagen ist ein wesentlicher Gesichtspunkt zur Beurteilung von deren Wirtschaftlichkeit [ZIER 85, LOTT 92b, GRIE 93, WIEN 93]. Jeder Verlust an Verfügbarkeit bedeutet gleichzeitig Verlust an Produktivität. Je höher der Verlust ausfällt, je mehr verteuert sich das zu erzeugende Produkt, da die Produktionskosten auf weniger Erzeugnisse umgelegt werden müssen. Die Verfügbarkeit von Montageanlagen leidet vor allem dann, wenn sich Störungen aus der Teilebereitstellung in der Montage zum Prozeßstillstand führen. Bei verketteten Montagestationen kann sich dies bis zum Stillstand der gesamten Anlage fortsetzen.

Trotz der nachgewiesenen hohen Störungsanfälligkeit der Ordnungsgeräte wird die dadurch verursachte Stillstandszeit der Montage als gering eingeschätzt, da die Bediener durch ein rechtzeitiges Erkennen und Beheben einer Störung im Zuführgerät einen Montagestillstand verhindern können, bevor der Puffer geleert ist. Der Einfluß einer einwandfreien Betreuung wird aber somit zum bestimmenden Produktionsfaktor. Dies wird besonders dann deutlich, wenn der Bediener abwesend ist. An zwei der analysierten Anlagen beträgt der Anteil der durch Ordnen im Zuführgerät verursachten Montagestillstände ca. 50% (Bild 4.16, Taster und Schieber). Zurückzuführen ist dies auf eine Mehrmaschinenbedienung in diesem Bereich, bei welcher der Werker so weit von der einzelnen Anlage entfernt ist, daß er Störungen nur durch zusätzliche optische (Blinklicht) oder akustische (Hupe) Signale erkennen kann. Die Zeit zwischen Auslösen bzw. Erkennen des Signals bis zum Stillstand der Anlage reicht nicht aus, um die Störungen zu beheben. An den übrigen Anlagen konnten die Störungen zwar meist rechtzeitig vom Bediener erkannt werden, sodaß die Stillstandszeiten der Montageanlagen weniger hoch ausfallen, sind aber bei Werten von zehn Prozent und darüber immer noch unakzeptabel.

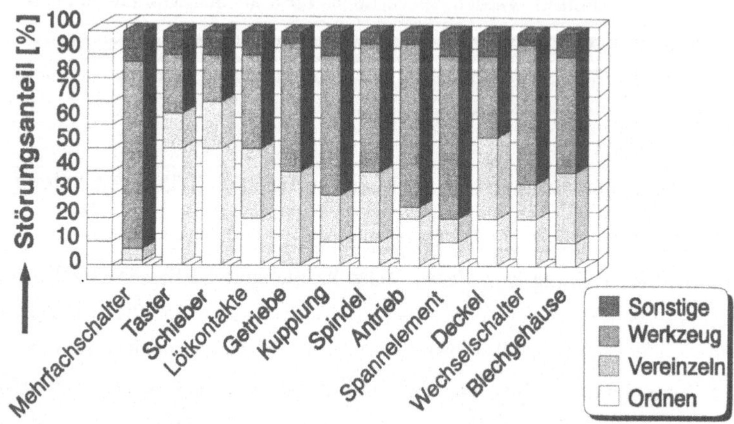

Bild 4.16: Verteilung der Stillstandszeiten durch Störungen

Die Erfahrung bei der vorliegenden Analyse hat gezeigt, daß eine rechtzeitige Erkennung einer Störung durch den Bediener nur dann gegeben ist, wenn dieser ständige Kontrollen der Zuführgeräte durchführt. Die Verfügbarkeit einer Montageanlage hängt also neben der tatsächlichen Betriebssicherheit und der Anzahl der eingesetzten Ordnungsgeräte in wesentlichem Maß von der Zugriffsmöglichkeit des Personals ab und ist somit auch ein Indiz für die erforderliche Personalbindung an der Anlage.

Bild 4.17 zeigt die im Rahmen der Analyse ermittelte Verfügbarkeit an den Montageanlagen. Dabei wird auch gezeigt, wie die Teilebereitstellung an der einzelnen Anlage strukturiert ist. Deutlich erkennbar ist der Einfluß der eingesetzten Zuführtechnik auf die Verfügbarkeit. Der Einsatz vieler Vibrationswendelförderer (VWF) zieht hohe Verluste nach sich (Bild 4.17, Anlage 1, 3, 4 und 5 von links), während die Bauteilbereitstellung in Magazinen (Mag) kaum zu Einbußen führt (Bild 4.17 Anlage 2 von links). Bei einer direkt mit der Montage gekoppelten Teilebereitstellung konnte so ein Verfügbarkeitsverlust der Montageanlage pro Gerät bei Vibrationswendelförderern von bis zu

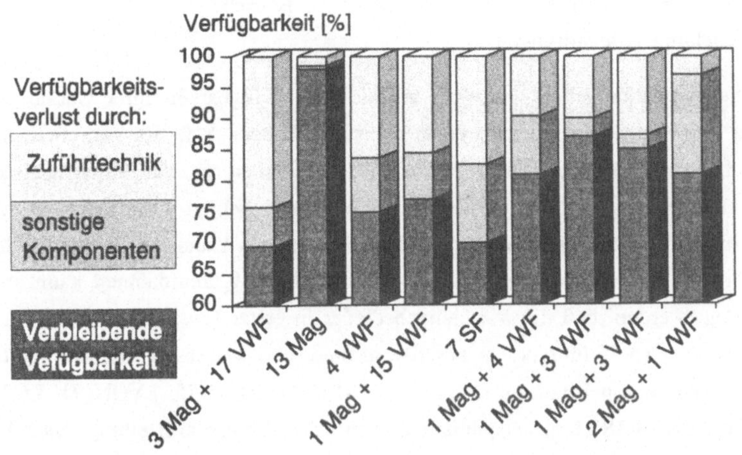

Bild 4.17: Verfügbarkeitsverlust in Montageanlagen durch Störungen in der Teilebereitstellung und sonstigen Komponenten

VWF: = Vibrationswendelförderer

SF: = Schrägbandlinearförderer

Mag: = Magazin als Zuführung

3,5%, bei Schrägbandlinearförderern (SF) von 2,5% ermittelt werden. Die Verluste bei magazinierter Teilebereitstellung liegen im Bereich unter 0,5%.

4.4.8 Personalbindung bei Zuführgeräten

Die Grundgedanken beim Einsatz automatischer Montageanlagen sind zum einen, die Montagekosten durch Einsparung manueller Arbeitskräfte zu senken, und zum anderen, die Betriebsmittel optimal zu nutzen, z. B. durch Schichtbetrieb, mannlose Nachtschicht etc. Da die gewünschte Anlagenverfügbarkeit, wie bereits vorher in Kap. 4.4.7 festgestellt, auch eine Funktion des aufgewendeten Personaleinsatzes ist, spielt dieser für den wirtschaftlichen Einsatz einer Montageanlage eine wesentliche Rolle.

Die Aufgabe des Personals ist die Sicherung der Funktion der ihm zugeteilten Montageanlage(n). Dazu gehört neben logistischen und Wartungsaufgaben, wie z. B. Nachfüllen von Bauteilen sowie Betriebs- und Hilfsstoffen, die Behebung von Störungen.

Die Hersteller gehen von einer technischen Verfügbarkeit ihrer Geräte von ca. 95 % aus und veranschlagen die verbleibenden 5 % als vom Bediener behebbare Störungen. Die genannten Werte beziehen sich auf die tatsächliche Gerätebetriebszeit. Wie im Kapitel 4.4.5 gezeigt, beträgt diese meist nur ein Bruchteil der Anlagenbetriebszeit, sodaß Störungen kaum ins Gewicht fallen dürften. Aus den bei der Analyse durchgeführten Zeitaufnahmen kann aber belegt werden, daß die Maschinenbediener in erster Linie mit der Störungsbehebung an Zuführgeräten beschäftigt sind. Die wissenschaftliche Literatur bestätigt diesen Eindruck [HÜTT 79, HILG 85, ZIER 85, LYON 91, LOTT 92b]. Bild 4.18 zeigt beispielhaft die zeitliche Tätigkeitsverteilung eines Anlagenbedieners an einer Montageanlage mit 13 Vibrationswendelförderern.

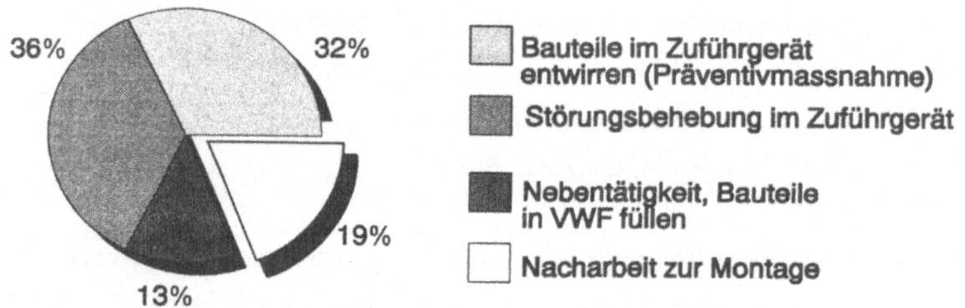

Bild 4.18: Zeitliche Tätigkeitsverteilung eines Anlagenbedieners

Die reale während der Analyse ermittelte Personalbindung für die Störungsbeseitigung bei konventionellen Zuführgeräten liegt im normalen Mittel bei 20-40% der Gerätebetriebszeit (nicht der Anlagenbetriebszeit). Etwa 20% der an den analysierten Anlagen automatisch zugeführten Bauteile bereiteten Probleme bei der Zuführung und benötigten eine noch engere Personalbindung am Zuführgerät, welche im Einzelfall 80% der Gerätebetriebszeit erreichen kann. Bild 4.19 belegt die Häufigkeit der auftretenden Störungen in Zuführgeräten relativ zu anderen Aufgaben anhand der ermittelten prozentualen Tätigkeitshäufigkeit eines Anlagenbedieners.

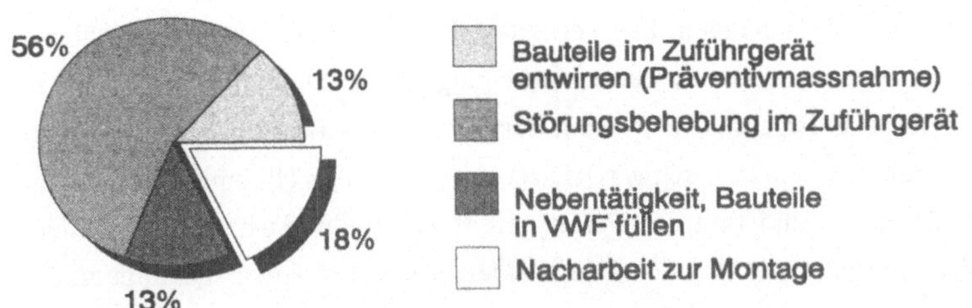

Bild 4.19: Tätigkeitshäufigkeit eines Anlagenbedieners

Vergleicht man die zeitliche Tätigkeitsverteilung (Bild 4.18) mit der Häufigkeit der Tätigkeiten, so wird deutlich, daß viele Störungen im Gerät anfallen, die in relativ kurzer Zeit behoben werden können. Andererseits nimmt die präventive Entwirrung von Bauteilen viel Zeit in Anspruch, kommt aber nicht so häufig vor.

Rechnerisch ergibt sich aus den ermittelten Daten eine durchschnittliche Personalbindung von ca. 8% einer Bedienperson pro Zuführgerät, wobei die Zeiten bis zur Erkennung einer Störung, Wegzeiten und die Zugänglichkeit des Störortes noch nicht berücksichtigt sind. Als Zeiten bis zur Behebung einer Störung konnten aus eigenen Messungen folgende Anhaltswerte ermittelt werden: 32 sec bei optimaler Betreuung ohne Nebentätigkeiten, 84 sec bei Ablenkung durch Nebentätigkeiten, durchschnittlich 58 sec. Diese Ergebnisse bestätigen die von Ziersch [ZIER 85] genannten Werte von minimal 22 und maximal 80 sec sowie 50 sec im Durchschnitt und lassen den Rückschluß zu, daß in den letzten 10 Jahren keine nennenswerte Verbesserung der Zuführtechnik erfolgt ist. Beide Angaben sind aber als Anhaltswerte zu betrachten und nur im Zusammenhang mit den analysierten Anlagen sinnvoll.

4.5 Zusammenfassung und Bewertung der Analyseergebnisse

Die Konstruktion und Entwicklung von Zuführgeräten für die automatische Teilebereitstellung findet mehr bei der Gerätefertigung in der Werkstatt als am Konstruktionsarbeitsplatz statt. Jedes Ordnungsgerät ist eine Sonderanfertigung, deren Aufbau und Eigenschaften stark vom Können des fertigenden

Facharbeiters abhängen. Die Fertigung der Ordnungselemente ist in den meisten Fällen Handarbeit, deren Auslegung ein oft zeitaufwendiger, iterativer Prozeß. Das Ergebnis wird kaum dokumentiert, was einen Nachbau zu einem späteren Zeitpunkt erschwert. Hier sind sinnvolle Hilfsmittel für Planung, Konstruktion und Bau der Geräte gefordert, die die Auslegung vereinfachen, Wiederholtätigkeiten vermeiden, Fehler reduzieren sowie Qualität und Verfügbarkeit der Geräte erhöhen.

Das Spektrum der Kosten für Zuführgeräte streut entsprechend der Dauer der Auslegung und je nach Anwendung weit. Ein einfacher Rütteltopf kostet ca. DM 5.000,-- bis 7.000,-- ohne aufwendige Ordnungsschikanen und ohne Zubehör. Die Investitionskosten liegen oft weit höher, und weitere Kosten können für die Peripherie anfallen. Auf diese Weise können leicht fünfstellige Beträge erreicht werden. Als Mittelwert für ein Zuführgerät incl. Peripherie wurde ein Betrag von 30-35.000,-- DM ermittelt. Der Anteil der Kosten für die automatische Teilebereitstellung wächst mit der Zahl der zuzuführenden Bauteile und kann mehr als 20% des Gesamtinvestitionsvolumens einer Montageanlage betragen.

Trotz teilweise hoher Investitionskosten für die automatische Teilebereitstellung ist die Flexiblität der zum gegenwärtigen Zeitpunkt eingesetzten Zuführgeräte, insbesondere ihrer Ordnungs- und Pufferzonen gering. Es ist mit Hilfe von konventionellen Geräten kaum möglich, ähnliche Teile zuzuführen und nicht möglich, das Teilespektrum zu variieren. Wenn man von optischen Hilfsmitteln absieht, gibt es bisher von Herstellerseite kaum Bestrebungen zur Flexibilisierung von Zuführgeräten. Auch bei den Anwendern existieren keine Ansätze in dieser Richtung. Die geringe Geräteflexibilität steht im starken Kontrast zur Kurzlebigkeit heutiger Produkte. Durch Standardisierung und Modularisierung muß die Anpassungsfähigkeit der automatischen Teilebereitstellung erhöht werden, um den Anforderungen an flexible Montagesysteme gerecht zu werden.

Trotz der vorher genannten Unzulänglichkeiten zeigt die Analyse, daß in Anbetracht des hohen Prozentsatzes ungeordnet angelieferter Teile eine Montage ohne Ordnungs- und Zuführgeräte mit den derzeitigen Bereitstellungskonzepten nicht vorstellbar ist:

- Über 75% der bereitzustellenden Bauteile werden als Schüttgut transportiert und vor Ort vereinzelt und geordnet.
- Die restlichen Bauteile werden geordnet und greifgerecht auf Paletten oder Werkstückträgern transportiert.

Als Zuführgeräte sind für die automatische Teilebereitstellung an Montageanlagen zu mehr als 80% Schwingförderer eingesetzt. Der apparative Aufwand zur montagegerechten Bereitstellung der Bauteile an jeder einzelnen Montagestation ist hoch. Zukünftige Konzepte für die automatische Teilebereitstellung müssen die Komplexität von Montageanlagen reduzieren helfen.

Die große Anzahl von Zuführgeräten für die automatische Teilebereitstellung schlägt sich auch im Flächenbedarf nieder. Die Fläche einer Montageanlage resultiert zu 25% aus dem Raumbedarf der eingesetzten Zuführgeräte. Die konventionelle Anordnung der Fördertöpfe im rechten Winkel zur Anlage beansprucht besonders viel Platz (vgl. Bild 4.12), z. B. können sich dadurch Transporteinrichtungen wie Förderbänder um einige Meter verlängern.

Bei ca. 75% von 101 untersuchten Zuführgeräten lag die Auslastung bei nur 20% oder darunter und nur 4 Geräte (4%) waren mit mehr als 80% Auslastung registriert. Die mangelnde Auslastung resultiert aus dem parallelen Betrieb von Geräten für Varianten oder aus Wartezeiten bei der Teileanforderung durch einen im Vergleich zur Ausbringung des Gerätes langsamen Montagetakt.

Trotz niedriger Geräteauslastung ist die automatische Teilebereitstellung sehr störungsanfällig. Grundsätzlich gehen die Hersteller von Zuführgeräten von einer technischen Verfügbarkeit der Geräte von 95% aus. Die verbleibenden Störungen können nach Auffassung der Hersteller vom Bedienpersonal behoben werden. Die tatsächliche Störungsquote liegt höher, was sich bei Abwesenheit des Bedieners durch Anlagenstillstand zeigt. Im Extremfall wurden zu 90% Störungen der Teilezuführung als Ursache für Stillstandszeiten in einer Anlage ermittelt. Die Zuführungen besitzen daher z. T. mehr als 50%

Überkapazität, nur um die in der Zuführung entstandenen Störungen auszugleichen. Trotzdem ist das Puffervolumen in den Zuführungen oft nicht ausreichend, da Warnsignale bei Störungen erst zu spät erkannt werden.

Die Personalbindung bei konventionellen Zuführgeräten liegt im normalen Mittel bei 20-40% der Gerätebetriebszeit. Etwa 20% der automatisch zugeführten Bauteile bereiten Probleme bei der Zuführung und benötigen eine engere Personalbindung am Zuführgerät, welche bis zu 80% der Gerätebetriebszeit erreichen kann. Die Störungsbeseitigung in Zuführgeräten ist die häufigste vom Anlagenbediener durchgeführte Tätigkeit. Wesentlichen Anteil am Personalbedarf haben die zum und vom Zuführgerät zurückgelegten Wege.

Trotz aller Mängel der automatischen Teilebereitstellung zeigen Prognosen der an der Analyse beteiligten Firmen, daß die Schüttgutbereitstellung auch in Zukunft ihre Bedeutung behalten wird, da für den Transport über weite Strecken geordnete Bauteile ein mehrfaches des Volumens von ungeordneten einnehmen und kostengünstige Alternativen zur Herstellung einer Ordnung fehlen. Darüberhinaus wird eine Magazinierung über weite Strecken bei schwindenden Losgrößen wirtschaftlich zunehmend uninteressant.

5 Strukturierung der Teilebereitstellung

5.1 Zielsetzung

Das Hauptproblem der konventionellen Teilebereitstellung ist die mangelnde Flexibilität der eingesetzten Zuführgeräte. Ein wesentlicher Grund für das Flexibilitätsdefizit dieser Geräte ist in der mangelnden Modularisierung und Standardisierung ihrer Komponenten zu sehen.

Um gezielte Maßnahmen zur Flexibilisierung der Geräte und ihrer Komponenten ergreifen zu können, fehlt bisher allerdings ein systematischer Ansatz. Die Zuführgeräte sind zwar vordergründig einfach aufgebaut, doch die Aufgaben ihrer Komponenten sind komplex. Um Flexibilisierungsansätze zu finden ist es daher notwendig, sich von der ganzheitlichen Betrachtungsweise bei Zuführgeräten zu lösen und diese in ihre Funktionsbaugruppen zu zerlegen. Dies ist eine Voraussetzung dafür, die einzelnen Funktionsträger losgelöst von der Gesamtgerätefunktion nach ihren Aufgaben als Bausteine betrachten sowie analysieren und bewerten zu können.

Die Nomenklatur für Prozesse und Komponenten der automatischen Teilebereitstellung ist, wie bereits in Kap. 2.1.2 dargestellt, uneinheitlich und eignet sich wenig, die wesentlichen Bestandteile eines Ordnungsprozesses für die automatische Teilebereitstellung darzustellen. Es fehlen Hilfsmittel, mit welchen sich jeder Ordnungsprozeß, unabhängig von Bauteilen und Geräten, hinreichend beschreiben läßt.

Im ersten Teil dieses Kapitels wird daher eine systematische Strukturierung der automatischen Teilebereitstellung entwickelt, anhand der Ordnungsprozesse durch Zerlegung in einzelne Ordnungsprozeßfunktionen beschrieben, bewertet und verglichen werden können. Ferner wird eine funktionsbezogene, einheitliche Beschreibungssymbolik definiert, mit deren Hilfe auch komplizierte Prozeßstrukturen in Zuführgeräten dargestellt werden können. In einem zweiten Schritt werden dann gezielte Maßnahmen zur Flexibilisierung des Prozesses, und damit der Geräte, entwickelt.

5.2 Der Zuführprozeß in der automatischen Teilebereitstellung

5.2.1 Logistische Ausgangsbasis und Einordnung

Der logistische Pfad zur Montage beginnt mit dem Einkauf, der Disposition und Lagerung der Bauteile (vgl. Kap. 4.1.1). Die Montage beginnt mit dem Aufnehmen eines bereitgestellten Bauteils aus definierter Position und endet mit dem Ablegen der gefügten Baugruppe (vgl. Kap. 4.1.2). Die Teilebereitstellung ist ein Bewegungsprozeß [SCHM 92a]. Sie beginnt mit einem Transportvorgang, der zur örtlichen Veränderung (= Bewegung) des Transportgutes "Bauteile" notwendig ist. Dieser erstreckt sich vom Abruf der zu montierenden Teile ab Lager oder ab Wareneingang oder, bei innerbetrieblicher Verkettung, von der Systemgrenze einer Produktionsanlage zur Grenze der nächsten. An der Systemgrenze zur Montageanlage beginnt der Zuführvorgang. Er dient zur Überführung (= Bewegung) des Zuführgutes "Bauteile" aus der Transportposition, z. B. aus einem Teilebehälter, in die Montageposition. Mit dem Erreichen der definierten Position des einzelnen Bauteiles in der Montageanlage endet der Zuführvorgang.

Beispielhaft sind im Bild 5.1 die Zusammenhänge der Teilebereitstellung für eine automatische Montagezelle mit Industrieroboter dargestellt: Der Zuführvorgang läßt sich in einer ersten groben Gliederung in die Teilprozesse *Speichern, Ordnen, Vereinzeln und Positionieren* aufspalten und kann automatisch oder manuell durchgeführt werden. Der Zuführvorgang beinhaltet nicht zwingend einen Ordnungsprozeß. Beispielsweise können Bauteile bereits magaziniert bereitgestellt werden, sodaß diese zur Überführung in die Montageposition nur noch vereinzelt und positioniert werden müssen.

Ordnungsprozesse als fester Bestandteil des Zuführvorganges werden dann notwendig, wenn die Bauteile in Unordnung, z. B. als Schüttgut, bereitgestellt werden. Dies kann bedeuten, daß ein Bediener ein Teil aus dem Schüttgutbehälter entnimmt und richtig orientiert auf einen Stetigförderer legt, welcher das Teil geordnet der Montageposition zuführt. In diesem Fall führt den Ordnungsprozeß der Bediener aus, welcher die Bauteillage erkennt, diese mit der erlernten Sollage vergleicht und letztere mit Hilfe seines Bewegungsap-

Bild 5.1: Strukturierung der Teilebereitstellung

parates herstellt. Soll dieser komplexe Prozeß mit Hilfe eines automatischen Zuführgerätes realisiert werden, so sind einige Teilfunktionen zur Herstellung der Ordnung notwendig. Der Funktionsträger hierfür ist die sogenannte Ordnungsschikane, die die Bauteile aus dem ungeordneten in den geordneten Zustand überführt. Um den Fortschritt und die Qualität dieser Ordnungsprozesse später besser beurteilen und vergleichen zu können, soll hier zunächst ein Ordnungsgrad definiert werden.

5.2.2 Definition des Ordnungsgrades von Bauteilen

Ausgangsbasis für die Definition eines Ordnungsgrades von Bauteilen ist ein frei im Raum befindlicher Körper (ein Bauteil), der in allen drei translatorischen und rotatorischen Freiheitsgraden unbeschränkt ist und somit eine beliebige Position und Orientierung einnehmen kann (Bild 5.2). Dieser Zustand, der mit einem ungeordneten Bereitstellen der Bauteile vergleichbar ist, z. B. als Schüttgut, soll per Definition durch den Ordnungsgrad 0 beschrieben werden. Der Ordnungsaufwand wächst mit der Anzahl mögli-

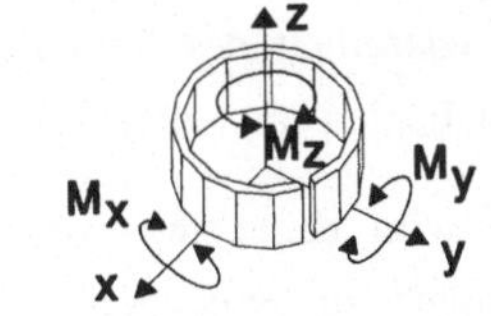

Bild 5.2: Bauteil mit 6 Freiheitsgraden

cher Bauteillagen und -orientierungen. Der maximale Ordnungsgrad ist von der Bauteilgeometrie abhängig und je nach Anzahl der möglichen Bauteillagen über verschieden viele Ordnungsschritte zu erreichen.

In der Literatur finden sich verschiedene Ansätze, den Ordnungszustand von Bauteilen zu charakterisieren. Bei [HESS 82] wurde die Ordnungsschwierigkeit mit Hilfe einer Werkstückklassifizierung bewertet. Nach [VDI 2860] wird der Ordnungszustand durch den Orientierungsgrad (Anzahl rotatorischer Freiheitsgrade) und den Positionierungsgrad (Anzahl translatorischer Freiheitsgrade) beschrieben, wodurch aber noch keine quantitative Aussage zur Ordnungsschwierigkeit möglich wird. Nach [WEIS 83] wird die Ordnungsschwierigkeit aus der Zahl der notwendigen Winkeldrehungen und der Anzahl der ungleichen gegenüberliegenden Seiten des Bauteils berechnet. [HILG 85] definiert den Ordnungsgrad aus der Anzahl der möglichen Freiheitsgrade.

In erster Linie sind aber die mechanisch stabilen Bauteillagen für die Schwierigkeit der Ordnungsaufgabe maßgebend, welche sich aus der Bauteilsymmetrie ergeben. Diese können darüberhinaus in verschiedenen Orientierungen vorkommen. Aus rotatorischen Freiheitsgraden ergeben sich theoretisch unendlich viele Orientierungen, die aber nicht sinnvoll zu betrachten sind. Durch die Bauteilmasse und die Geometrie der Bauteilumgebung ergeben sich für jede Lage eine endliche Anzahl von Orientierungen dadurch, daß ein Kontakt zu einer Körperfläche oder zu einer Körperkante zustande kommt. Dies entspricht den Gegebenheiten in der Führungsbahn eines Zuführgerätes, z. B. der Wendelbahn eines Vibrationswendelförderers. Neben den Lagen und Orientierungen haben auch die drei translatorischen Freiheitsgrade in den drei Raumrichtungen für den Ordnungsprozeß eine Bedeutung, da sie die Bewegungsfreiheit des Bauteiles charakteriesieren. Beispielsweise ist ein Bauteil bei Fehlen aller drei translatorischen Freiheitsgrade ortsfest fixiert.

Es wird daher hier vorgeschlagen, den Ordnungsgrad aus den genannten Größen zu berechnen. Der Zusammenhang zwischen der Bauteilsymmetrie sowie der Anzahl der möglichen Bauteillagen und ihrer Orientierungen ist an verschieden symmetrischen, zylindrischen und rechteckigen Beispielkörpern in Bild 5.3 dargestellt.

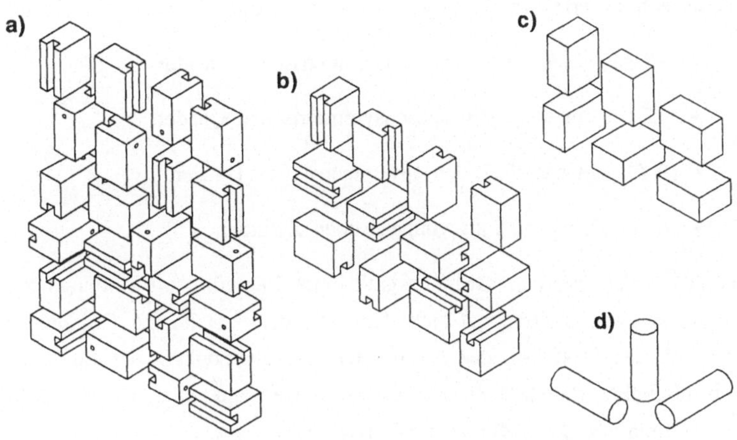

Bild 5.3: Mögliche Bauteillagen und -orientierungen bei a) einfach-, b) doppelt-, c) mehrfach achsensymmetrischen und d) rotationssymmetrischen Körpergeometrien

Für einen asymmetrischen oder einfach symmetrischen Quader sind 6 Bauteillagen und in jeder Lage vier Orientierungen zu unterscheiden, bei doppelter Achsensymmetrie 3 Lagen und vier Orientierungen. Bei einem mehrfach achsensymmetrischen Quader existieren nur noch 3 Lagen in jeweils 2 Orientierungen. Bei einem rotationssymmetrischen Zylinder treten 2 Bauteillagen und bei liegendem Zylinder zwei sinnvoll unterscheidbare Orientierungen auf.

Zu der Anzahl der möglichen Bauteillagen und -orientierungen kommen noch die drei translatorische Freiheitsgrade der Bauteile hinzu. Der maximal erreichbare Ordnungsgrad errechnet sich aus der Anzahl der möglichen Bauteillagen multipliziert mit der Anzahl der Orientierungen pro Lage zuzüglich der Anzahl der einschränkbaren translatorischen Freiheitsgrade:

$$OG_{max} = N_L \, x \, N_O + N_{Fg} \qquad \text{Gl. 5.1}$$

OG_{max} : = *Maximaler Ordnungsgrad*	N_O : = *Anzahl möglicher Orientierungen*
N_L : = *Anzahl möglicher Lagen*	N_{Fg} : = *Anzahl möglicher Freiheitsgrade*

Der tatsächlich erreichbare Ordnungsgrad eines Bauteils beträgt demnach

- 27 für einen einfach achsensymmetrischen Quader,
- 15 für einen doppelt achsensymmetrischen Quader,
- 9 für ein mehrfach achsensymmetrischen Quader,
- 6 für einen rotationssymmetrischen Zylinder.

Der tatsächlich erreichte Ordnungsgrad eines Bauteils zum Zeitpunkt x des Ordnungsprozesses errechnet sich dann aus dem maximalen Ordnungsgrad abzüglich des Produktes der Anzahl der zum Zeitpunkt x der Betrachtung noch möglichen Bauteillagen und -orientierungen und abzüglich der Zahl der zum Zeitpunkt x noch offenen Freiheitsgrade:

$$OG_x = OG_{\max} - N_{Lx} \, x \, N_{Ox} - N_{Fgx} \qquad \text{Gl. 5.2}$$

OG_x: = Ordnungsgrad *N_{Ox} : = Anzahl mögl. Orientierungen*
N_{Lx} : = Anzahl möglicher Lagen *N_{Fgx} : = Anzahl mögl.Freiheitsgrade*
x : = Zeitpunkt x des betrachteten Ordnungsprozesses

Beispiel: Ein Spielwürfel liegt frei beweglich auf einer ebenen Fläche mit der Lage "3 oben". Die Lage "3 oben" existiert in 4 verschiedenen Orientierungen. Der Spielwürfel hat 6 Seiten, die sich durch die Zahlen 1 bis 6 unterscheiden und ist demnach als asymmetrischer Quader zu betrachten. In diesem Fall sind 24 Zustände zu unterscheiden, zusätzlich hat der Würfel 3 translatorische Freiheitsgrade in x, y und z. Der Würfel hat in diesem Zustand

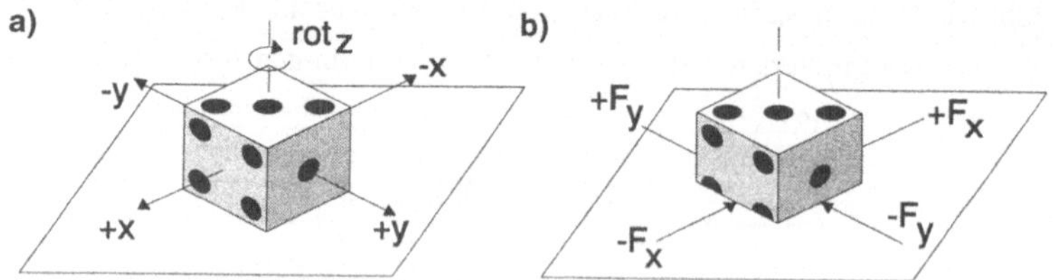

Bild 5.4: a) Spielwürfel Lage "3 oben" in der Ebene frei beweglich;
b) Spielwürfel Lage "3 oben" in der Ebene räumlich festgelegt

den Ordnungsgrad 21 erreicht, da noch vier mögliche Lagen für "3 oben" unterschieden werden können und der Würfel auf der Ebene in zwei Freiheitsgraden, x und y, unbeschränkt bleibt (Bild 5.4a). Liegt der Würfel dagegen in einem Formnest, beträgt der erreichte Ordnungsgrad 23, da er in allen Freiheitsgraden räumlich festgelegt ist (Bild 5.4b). Die Kräfte $+F_x$, $-F_x$, $+F_y$ und $-F_y$ charakterisieren für diesen Fall die Einspannung des Würfels.

Für beliebige andere Bauteilgeometrien ist analog zu der beschriebenen Weise zu verfahren. Aus der Körperkontur ergeben sich die mechanisch stabilen Lagen, aus der Bauteilumgebung die möglichen Orientierungen.

Als Quantifizierung für den Ordnungsaufwand (z. B. in Form von Energie), eine Bauteilordnung herzustellen bzw. zu erhalten, kann nun eine **Ordnungskennzahl** eingeführt werden. Die Ordnungskennzahl der Teilebereitstellung kann durch die Differenz zwischen dem Ordnungsgrad beim Anliefern der Bauteile an der Montageanlage und dem Ordnungsgrad der Bauteile bei der Übergabe an die Montageeinrichtung errechnet werden.

Beispiel 1: Asymmetrische Quader (vgl. Bild 5.3a) werden völlig ungeordnet angeliefert und von einem Werker auf einen Werkstückträger mit Formnestern gesetzt. Der Ordnungsgrad bei der Anlieferung der Teile (0) wird vom Ordnungsgrad bei der Übergabe an die Montageeinrichtung (27) abgezogen. Die Ordnungskennzahl beträgt demzufolge 27.

Beispiel 2: Mehrfach achsensymmetrische Quader (vgl. Bild 5.3c) werden teilgeordnet auf einer ebenen Palette angeliefert und von einem Zuführgerät geordnet, sodaß nur zwei unterscheidbare Lagen im Puffer übrigbleiben. Der Ordnungsgrad bei der Anlieferung der Teile (1) wird vom Ordnungsgrad bei der Übergabe an die Montageeinrichtung (12) abgezogen. Die Ordnungskennzahl beträgt demzufolge 11.

Hierbei wird deutlich, daß die Ordnungskennzahl eine durch das Ordnen erbrachte Arbeitsleistung beschreibt, die von der Ordnungsschwierigkeit abhängt und durch die zur Verfügung stehenden Wertschöpfungsfaktoren, wie z. B. Personal und Betriebsmittel, erbracht werden muß. Durch die Ordnungskennzahl ist es möglich, diesen Aufwand bereits in der Planungsphase qualitativ abzuschätzen.

5.2.3 Physikalisches Wirkprinzip von Ordnungsprozessen

Der Ordnungsprozeß soll am Beispiel der Arbeitsweise von Ordnungsschikanen in automatischen Ordnungs- und Zuführgeräten beschrieben werden. Er beruht darauf, daß den zu ordnenden Bauteilen mit Hilfe unterschiedlicher Antriebstechniken eine Geschwindigkeit bzw. eine Vortriebskraft aufgezwungen wird. Bei Schwingförderern z. B. ist die Mikrowurfbewegung für die Erzeugung der Vortriebskraft verantwortlich, indem die Bauteilreibung im Zusammenhang mit der Bauteilträgheit durch die Schwingungen der Förderstrecke ausgenutzt wird. Durch die periodische Impulseinleitung werden die vier Phasen des Mikrowurfes erzeugt (Bild 5.5), und das Bauteil bewegt sich mit scheinbar konstanter Geschwindigkeit über die Förderstrecke.

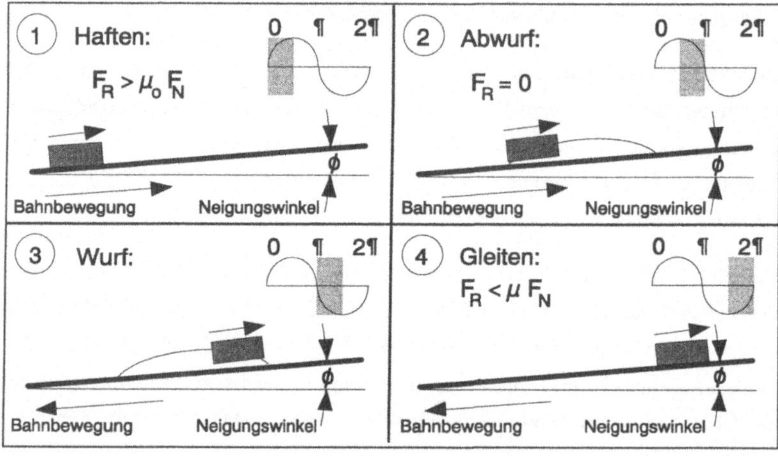

Bild 5.5: Physikalische Wirkprinzipien in Ordnungsprozessen

Die Ordnungsschikanen bestehen aus einzelnen Ordnungsfunktionselementen, z. B. Stufen, die für das bewegte Bauteil Hindernisse darstellen, welche die aus der Vortriebskraft resultierenden Reaktionskräfte in das Bauteil einleiten. Je nach Masse, Trägheit, Schwerpunktlage und Form des Bauteils werden unterschiedliche Reaktionen ausgelöst, aus denen sich der gewünschte Ordnungsprozeß zusammensetzt.

5.2.4 Elementare Ordnungsprozeßfunktionen

Ordnungsprozesse können in einzelne Teilprozesse zerlegt werden. In Analogie zu den durch einzelne Ordnungsfunktionselemente in Ordnungsschikanen ausgelösten mechanischen Reaktionen im Bauteil sind diese einzelnen Bestandteile des Ordnungsprozesses reproduzierbar und können in fester Beziehung zu gewünschten, elementaren Bauteilreaktionen stehen. Im weiteren Verlauf der Ausführungen sollen daher mit den Bauteilreaktionen im festen Zusammmenhang stehende Teilprozesse des Ordnungsprozesses als elementare Ordnungsprozeßfunktionen bezeichnet werden. Mit deren Hilfe kann der Ordnungsprozeß in seine Bestandteile zerlegt, beschrieben sowie unterschiedliche Prozesse verglichen werden.

Anhand der vorher definierten Ordnungskennzahl wird ferner die Ordnungsleistung durch die jeweilige Ordnungsprozeßfunktion quantifiziert, um den Aufwand für die Herstellung der Ordnung qualitativ bemessen zu können.

5.2.4.1 Ungeordnetes Speichern

Das *ungeordnete Speichern* beschreibt den Ausgangszustand von Bauteilen zu Beginn des Ordnungsprozesses. Die Bauteile befinden sich in völliger Unordnung in einem Vorratsbehälter. Dies bedeutet, daß sich der Ursprung des einzelnen Bauteils beliebig im Raum befindet und seine Orientierung in allen drei Rotationsachsen unbekannt ist. Physikalisch sind also alle am Bauteil angreifenden Kräfte und Momente unbekannt bzw. nur über den Kontakt zu benachbarten Bauteilen und zur Behälterwand hin definiert. Der maximale erreichbare Ordnungsgrad der Bauteile beim ungeordneten Speichern ist gleich Null, ebenso die Ordnungskennzahl. Die visuelle Darstellung dieses Prozesses wird durch das an VDI 2860 angelehnte Symbol in Bild 5.6 beschrieben.

Bild 5.6: Ungeordnetes Bewegen

5.2.4.2 Ungeordnetes Bewegen

An das ungeordnete Speichern schließt sich die Ordnungsprozeßfunktion *ungeordnetes Bewegen* an. Die Bauteile befinden sich zunächst, wie vorher, in völliger Unordnung, werden aber im Gegensatz zu dort kontinuierlich bewegt. In Anlehnung an die bei [SCHM 92a] definierten Symbole zur Beschreibung der Grundprozesse in der Montage stellt das Symbol in Bild 5.7 diesen Sachverhalt dar. Durch die Funktion ungeordnetes Bewegen sollen unter Ausnutzung der Schwerkraft mechanisch stabile Bauteillagen hergestellt werden, die aber bezüglich ihrer Orientierung weiterhin undefiniert bleiben. Wie bereits vorher beschrieben, passen sich die Bauteile in ihrer Lage der Umgebungsgeometrie an, indem sie kinetische Energie und Lageenergie abbauen. Die hier auftretenden Lagen werden auch als *natürliche Vorzugslagen* des Bauteils bezeichnet[1].

Bild 5.7: Ungeordnetes Bewegen

Obwohl sich die Bauteile subjektiv immer noch in Unordnung befinden (verschiedene Lagen, verschiedene Orientierungen), kann durch diesen Vorgang je nach Bauteilsysmmetrie schon Ordnungsgrad von 2 bis 4 erreicht werden, da bereits bis zu zwei Freiheitsgrade eingeschränkt und, insbesondere bei rotationssymmetrischen Bauteilen, Bauteillagen ausgeschlossen werden können. Die Ordnungskennzahl nimmt, ausgehend vom Ordnungsgrad 0 beim ungeordneten Speichern vorher, identische Werte an.

5.2.4.3 Lage Verändern

Mit der Ordnungsprozeßfunktion *Lage verändern* beginnt der eigentliche Sortiervorgang für die zuzuführenden Bauteile. Dies beinhaltet ein Bewegen der Bauteile über Hindernisse (bzw. daran vorbei), an welchen gezielt die aus der Bewegung resultierenden Reaktionskräfte in das Bauteil eingeleitet werden,

1 Die Vorzugslage ist die Lage, bzw. sind die Lagen eines Bauteils, die nach einem freien Fall auf eine Ebene im Verhältnis zu anderen stochastisch vorkommenden Lagen am häufigsten auftreten.

um dessen Lage verändern zu können. Die für den Teilprozeß nutzbar gemachten Kräfte sind Trägheitskräfte, Trägheitsmomente und Reibungskräfte.

Die beim ungeordneten Bewegen undefinierten Vorzugslagen der einzelnen Bauteile und ihre unterschiedlichen Orientierungen sollen hier, wie im Bild 5.8 dargestellt, durch gezielte Lageveränderung des einzelnen Teiles für den Ordnungsprozeß nutzbar gemacht werden. Ziel ist es, möglichst nur noch eine einzige Lage in wenigen Orientierungen herzustellen.

Bild 5.8: Lage Verändern

In Abhängigkeit von der Bauteilgeometrie können durch die gezielte Lageveränderung hohe Ordnungsgrade bzw. Ordnungskennzahlen erreicht werden. Gelingt es z. B. zwei Freiheitsgrade einzuschränken und nur noch Orientierungen einer Lage zuzulassen, so beträgt der Ordnungsgrad z. B.

- 22 für einen asymmetrischen oder einfach symmetrischen Quader,
- 11 für einen doppelt achsensymmetrischen Quader,
- 8 für einen mehrfach achsensymmetrischen Quader,
- 5 für ein rotationssymmetrischen Zylinder.

Die Ordnungskennzahl ergibt sich nach Abzug des beim ungeordneten Bewegen minimal erreichten Ordnungsgrades von 2 und nimmt demnach Werte zwischen 1 und 20 an. Es wird anhand der breiten Streuung der Ordnungskennzahl deutlich, daß der Ordnungsaufwand bei der Lageveränderung für einfache, z. B. rotationssymmetrische Bauteile sehr klein bleibt. Andererseits wird die Wichtigkeit dieser Ordnungsprozeßfunktion für kompliziert geformte Bauteile offenbar, für die hier die wesentliche Ordnungsleistung erbracht wird.

5.2.4.4 Lage Ausscheiden und Abweisen

Die Ordnungsprozeßfunktion *Lage ausscheiden und abweisen* hat die Aufgabe, alle nach (oder auch vor) der Lageveränderung falsch orientierten Bauteile zunächst aus dem bewegten Teileverbund zu isolieren und an den Vorratsbehälter zurückzugeben. Dieser Vorgang ist ein Vergleichsprozeß [SCHM 92a] und wird durch das Symbol in Bild 5.9 dargestellt. Vom Vorratsbehälter aus durchlaufen die abgewiesenen Teile den Ordnungsprozeß aufs Neue. Die Ausbringleistung des Ordnungsgerätes sinkt entsprechend der zur geförderten gesamten Teilezahl ins Verhältnis gesetzte Zahl der ausgeschiedenen Bauteile, womit die Wichtigkeit der Funktion *Lage verändern* nochmals betont wird. Je mehr Teile bereits dort die gewünschte Lage einnehmen, desto weniger Teile müssen anschließend abgewiesen werden.

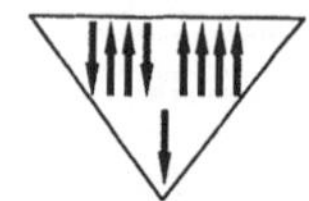

Bild 5.9: Lage Ausscheiden

Die Ordnungskennzahl streut beim Ausscheiden und Abweisen ähnlich wie bei der Lageveränderung (Werte zwischen 1 und 20). Durch beide Ordnungsprozeßfunktionen kann dieselbe Ordnungsleistung erzielt werden, allerdings mit unterschiedlicher Auswirkung auf die Geräteausbringung. Deutlich wird dies, wenn man berücksichtigt, daß die vorher am Bauteil erbrachte Ordnungsleistung beim Abweisen in den Bunker zunichte gemacht wird. Sie muß beim nächsten Ordnungsprozeßdurchlauf des Bauteils neu erbracht werden.

5.2.4.5 Lage Ausdrehen

Nachdem Falschlagen durch das Ausscheiden und Abweisen eliminiert worden sind, kann mit der Ordnungsprozeßfunktion *Lage ausdrehen* versucht werden, die jetzt nur noch in einer Lage, aber verschiedenen Orientierungen ankommenden Teile in die gewünschte Montagelage zu bringen. Dies kann z. B. durch gezielte Drehung der bewegten Bauteile mit aktiven, d. h. angetriebenen Ordnungseinrichtungen, oder passiven, nicht angetriebenen Ordnungseinrichtungen geschehen. Das Symbol für das Ausdrehen zeigt das Bild 5.10. Nach dem Ausdrehen haben die Bauteile annähernd den höchsten Ordnungsgrad erreicht.

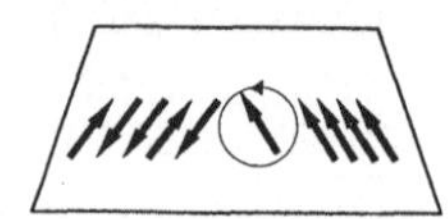

Bild 5.10: Lage Ausdrehen

In der Regel existiert danach nur noch der translatorische Freiheitsgrad in Vortriebsrichtung, Lage und Orientierung des Bauteils sind jetzt bestimmt. Die Ordnungskennzahl bewegt sich zwischen den Werten zwei und vier.

5.2.4.6 Geordnetes Speichern

Um statistische Schwankungen in der Ausbringung von Ordnungsgeräten auszugleichen, welche hauptsächlich durch die Güte der vorher beschriebenen Ordnungsprozeßfunktionen Lage verändern, Lage ausscheiden und Lage ausdrehen beeinflußt werden, ist jedes Ordnungsgerät mit einer in der Regel linearen Pufferstrecke ausgerüstet. Die Bauteile werden darin, ähnlich wie in einem Magazin, aufgereiht oder aufgestapelt, was durch das an [VDI 2860] angelehnte Symbol in Bild 5.11 dargestellt wird. Die Funktion *geordnetes Speichern* stellt sicher, daß sich immer Teile im Puffer befinden, um diese dem weiteren Prozeßverlauf zur Verfügung zu stellen. Die Zahl der zu puffernden Teile ist von der Montagetaktzeit und der Ausbringleistung des Ordnungsprozesses abhängig.

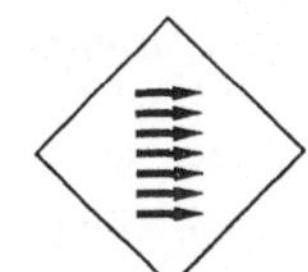

Bild 5.11: Geordnetes Speichern

Bezogen auf den Ordnungsprozeß hat das Puffern lediglich eine die Ordnung erhaltende Funktion. Der Ordnungsgrad wird nicht weiter verbessert; die Ordnungskennzahl erhält den Wert Null.

5.2.4.7 Zuteilen

Gepufferte Teile stellen einen Teileverbund hintereinander aufgereihter, geordneter Teile dar. Die Montage benötigt für den Zugriff, z. B. durch einen Industrieroboter, einzelne Teile in definierter Position. Diese *Zuteilung* ist ein Bewegungsprozeß [SCHM 92a] und wird durch das in Bild 5.12 gezeigte Symbol dargestellt. Sie kann z. B. durch eine mechanische Schleuse realisiert werden, die den unkontrollierten Bautei-

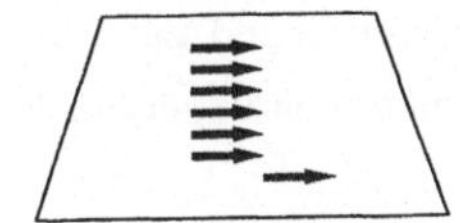

Bild 5.12: Zuteilen

laustritt verhindert. Durch die Zuteilung (und Positionierung) wird die Ordnungskennzahl nur noch um den Wert 1 erhöht. Der höchste Ordnungsgrad der Bauteile ist mit der Positionierung erreicht. Damit sind die Vorraussetzungen geschaffen, mit der Montage beginnen zu können. Der Ordnungsprozeß ist damit abgeschlossen.

5.2.5 Zusammenfassung zu elementaren Ordnungsprozeßfunktionen

Es hat sich gezeigt, daß der Ordnungsprozeß, wie er für die automatische Teilebereitstellung mit Zuführgeräten in Montageanlagen erforderlich ist, in einzelne Ordnungsprozeßfunktionen zerlegt werden kann. Diese sind:

- Ungeordnetes Speichern,
- ungeordnetes Bewegen,
- Lage verändern,
- Lage ausscheiden,
- Lage ausdrehen,
- geordnetes Speichern und
- Zuteilen.

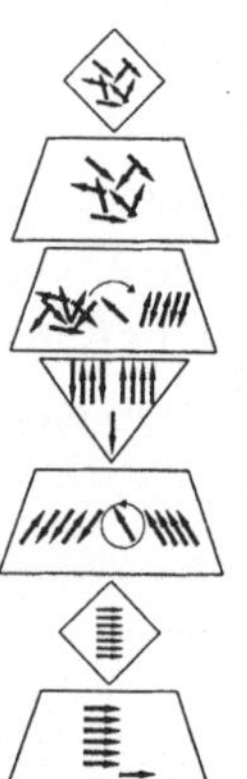

Die Bewertung der einzelnen Ordnungsprozeßfunktionen mit Hilfe einer aus dem Ordnungsgrad der Bauteile abgeleiteten Ordnungskennzahl hat ergeben, daß je nach Funktion ein unterschiedliche Ordnungsleistung erbracht werden muß. Wesentlichen Anteil am Ordnungsprozeß haben die Funktionen Lage verändern und Lage ausscheiden, eine geringe Ordnungsleistung erbringen die Funktionen ungeordnetes Bewegen und Lage ausdrehen. Die restlichen Funktionen haben kaum eine Auswirkung auf den Ordnungsprozeß.

Für die Flexibilisierung der Zuführgeräte für die automatische Teilebereitstellung in Montageanlagen bedeutet dies, daß das Potential von interner Flexibilität dort am höchsten ist, wo die geringste Ordnungsleistung erbracht wird. Je weniger Informationen über die Lage und die Freiheitsgrade der zu ordnenden Bauteile bei einer einzelnen Ordnungsprozeßfunktion entschlüsselt werden, umso eher ist diese Funktion für andere Bauteilgeometrien anpaßbar.

Das größte externe Flexibilitätspotential muß dementsprechend dort vorhanden sein, wo der Anteil der erbrachten Ordnungsleistung am höchsten ist. Je mehr Bauteilinformationen durch die einzelnen Ordnungsprozeßfunktionen zu entschlüsseln sind, umso mehr müssen diese auf das spezifische Bauteil angepaßt sein und sind somit kaum für andere Bauteilgeometrien einsetzbar. Folglich läßt sich hier eine effektive Flexibilisierung nur durch Austausch der entsprechenden Funktionsträger erreichen.

Die folgenden Ausführungen befassen sich mit den Funktionsträgern zur Umsetzung der Ordnungsprozeßfunktionen sowie der Definierung produktneutraler und produktspezifischer Strukturen in selbigen. Die vorgestellte Symbolik zur Beschreibung von Ordnungsprozeßfunktionen wird in diesem Zusammenhang für die Zerlegung und Abbildung von Ordnungsprozessen eines realen Bauteilspektrums herangezogen.

5.3 Anwendung der Ordnungsprozeßfunktionen und Umsetzung in Funktionsträgern

Für die Realisierung der Ordnungsprozeßfunktionen im industriellen Umfeld stehen verschiedene Prinzipien und Hilfsmittel zur Auswahl, die nachfolgend an konkreten Beispielen die Möglichkeiten zum strukturierten Aufbau von Ordnungsgeräten aufzeigen sollen.

Anhand von den Ordnungskomponenten unterschiedlicher Zuführgerätetypen wird gezeigt, daß diese in fester Beziehung zu bestimmten Ordnungsprozeßfunktionen stehen. In Anbetracht der Einsatzhäufigkeit der verschiedenen Zuführgerätetypen (vgl. Analyse in Kap. 4.4.3) wurden hier ein Vibrationswendelförderer und ein Schrägbandlinearförderer gewählt, um die Ergebnisse der Strukturierungsmaßnahmen zu verifizieren.

Im Zusammenhang mit der Zuordnung von Gerätekomponenten und Ordnungsprozeßfunktionen wird darüberhinaus deren Anpassungsfähigkeit an ein veränderliches Bauteilespektrum untersucht. Im Vorfeld der Strukturierung von Zuführgerätekomponenten ist es daher notwendig, die zu ordnenden Bauteile vorzustellen und anhand der Ordnungsschwierigkeit die Anforderungen an die Ordnungsfunktionselemente zu definieren.

5.3.1 Auswahl eines repräsentativen Teilespektrums

Um für die Strukturierung der Teilebereitstellungskomponenten aussagekräftige Ergebnisse zu erzielen, wird besonderer Wert auf ein realitätsnahes Bauteilspektrum gelegt. Es wurden daher verschiedenen Erzeugnissen aus dem Bereich der Kleingerätemontage reale Bauteile entnommen, die bereits automatisch zugeführt werden bzw. für die eine automatische Zuführung vorgesehen ist und die bezüglich ihrer bauteilspezifischen Ordnungsschwierigkeit unterschiedliche Anforderungen an den Ordnungsprozeß stellen. Bild 5.13 zeigt das Bauteilespektrum: (von links nach rechts) Dichtring, Lochscheiben, Tellerfeder, Kolben, Distanzring, Hülsen, Taster. Da im Maschinenbau häufig rotationssysmmetrische Bauteile eingesetzt werden, z. B. Scheiben, Wellen, Bolzen Buchsen, Ringe und Hülsen, entstammt der Großteil der ausgewählten Teile diesem Spektrum. Um sich nicht auf zylindrische Bauteile festzulegen wurde ein Pilzteil mit kubischer Hüllgeometrie, der Taster, hinzugenommen.

Die Auswahl und die Besonderheiten bezüglich der Ordnungsschwierigkeit der Bauteile soll nachfolgend im Detail dokumentiert werden. Anhand der in

Bild 5.13: Bauteilespektrum für Zuführversuche

Bild 5.3 getroffenen Vereinbarung werden die Bauteile gemäß ihrer Symmetrieeigenschaften in Gruppen eingeteilt.

5.3.2 Symmetrieeigenschaften und Vorzugslagen der Bauteile

Die in Bild 5.13 dargestellten Bauteile sind, sofern man die Körpergeometrie nicht beeinflussende Merkmale wie Bohrungen und Schlitze vernachlässigt, mit Ausnahme des Tasters alle rotationssymmetrisch. D. h., daß im ungünstigsten Fall drei Bauteillagen voneinander zu unterscheiden sind. Hinzu kommt, daß die rotationssymmetrischen Teile in Abhängigkeit ihrer verschiedenen Längenausdehnung und aufgrund ihrer Trägheit mehr oder weniger ausgeprägte Vorzugslagen aufweisen. Scheibenförmige Bauteile liegen auf der Stirnfläche, stangenförmige Bauteile auf der Mantelfläche der einhüllenden Zylindergeometrie. Der Zusammenhang zwischen der Vorzugslage, den Körperabmessungen sowie den räumlichen Trägheitsmomenten für zylindrische Bauteile ist in Bild 5.14 dargestellt. Das Grenzverhältnis von $D\,\sqrt{3}/2 = h$ für den Wechsel der Vorzugslage errechnet sich aus den Trägheitsmomenten $J_{y,z}$ und J_x durch Gleichsetzen der Berechnungsformeln:

$$J_{z,x} = \frac{m}{2} * \left(3 * \left(\frac{D}{2}\right)^2 + h^2\right) \qquad J_y = \frac{m}{2} * \left(\frac{D}{2}\right)^2 \qquad \text{Gl. 5.3}$$

J: = Träheitsmoment; m: = Masse; D: = Durchmesser; h: = Höhe

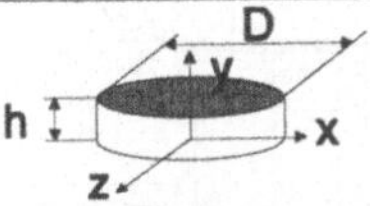 D, y, h, x, z Verhältnis D/h	Verhältnis der Trägheits- momente	Vorzugslage(n) nach Fallen auf Ebene	Beispiele aus dem gewählten Bauteile- spektrum
$D \ll h$	$J_{z,x} \gg J_y$	Mantelfläche	Kolben
$D > h > \sqrt{3}/2\,D$	$J_{z,x} > J_y$	Mantelfläche überwiegt	Distanzring
$D\sqrt{3}/2 = h$	$J_{z,x} = J_y$	Stirn- und Mantelfläche	Hülse
$D\sqrt{3}/2 > h$	$J_{z,x} < J_y$	Stirnfläche	Scheibe, Tellerfeder

Bild 5.14: Einteilung der rotationssymmetrischen Bauteile nach Vorzugslagen

Nach Auflösung mit $\frac{D}{2} = \mathrm{R}$ erhält man $\sqrt{3} = \frac{h}{R}$ bzw. $\frac{\sqrt{3}}{2} = \frac{h}{D} = 0{,}866$.

Dementsprechend zeigen die Teile mit geringer Höhe, z. B. der Dichtring, die Lochscheiben und die Tellerfeder, eine ausgeprägte Vorzugslage auf der Stirnseite der Zylinderhüllgeometrie, während der Kolben seine Vorzugslage auf der Zylindermantelfläche liegend findet. Bei den genannten Teilen existieren also nur maximal zwei Vorzugslagen, in die sich die Teile ohne äußere Krafteinwirkung begeben, bei den punktsymmetrischen Teilen sogar nur eine.

Anders verhält sich dies bei den Hülsen und Distanzringen, deren Höhen/Durchmesserverhältnis von 0,4 bzw. 0,53 deutlich näher an das Grenzverhältnis heranreicht. Es überwiegen zwar die Stirnlagen, aber es sind auch Mantellagen möglich. Bei den Distanzringen sind aufgrund der Punktsymmetrie nur zwei, bei den Hülsen aufgrund der asymmetrischen Geometriemerkmale entlang der Körperquerachse drei Lagen zu unterscheiden (Bild 5.15).

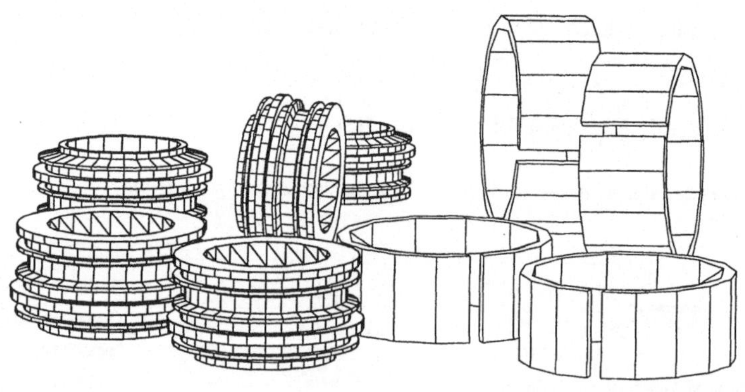

Bild 5.15: Vorzugslagen von Hülsen (links) und Distanzringen (rechts)

Die Betrachtung des Tasters ergibt, daß es sich um ein doppelt achsensymmetrisches Bauteil handelt, welches maximal 12 verschiedene Lagen aufweisen kann. Eine Berechnung der Trägheitsmomente, um Rückschlüsse auf die Vorzugslagen zu erhalten, ist hier sehr aufwendig. Die Berechnung erfordert die Kenntnis der Massenverhältnisse in jedem beliebigen Raumpunkt des Körpers. Die Trägheitsmomente eines mit Masse der Dichte $\rho(x, y, z)$ belegten Körpers K bezüglich der x-, y- und z-Achse sind:

$$J_x = \iiint_{(K)} (y^2+z^2)\, \rho\, dK; \quad J_y = \iiint_{(K)} (z^2+x^2)\, \rho\, dK; \quad J_z = \iiint_{(K)} (x^2+y^2)\, \rho\, dK \qquad \text{Gl. 5.4}$$

J: = Trägheitsmoment; x,y,z: Körperabmessungen; r: = Dichte; K: = Körper;

Die analytische Berechnung der komplizierten Körperkontur ist relativ aufwendig, weshalb hier auf die entsprechende Fachliteratur verwiesen wird [BRON 79]. Vielfach kann aber bei komplizierten Bauteilen die Vorzugslage durch den Versuch ermittelt werden, indem man ein oder mehrere Bauteile aus geringer Höhe auf eine ebene Fläche fallen läßt. Die am häufigsten vorkommenden Lagen über mehrere Versuche sind die Vorzugslagen. Beim Taster sind dies die in Bild 5.16 dargestellten Seitenlagen. Bedingt durch die Bauteilgeometrie mit teilweise ebenen Flächen kommen aber auch alle anderen Bauteillagen mehr oder weniger oft vor.

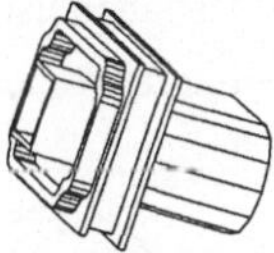
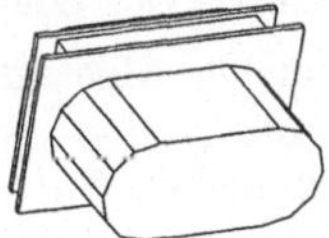
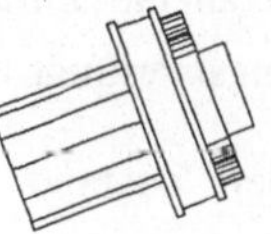

Bild 5.16: Vorzugslagen des Tasters

5.3.3 Anforderungen der Bauteile an die Zuführtechnik

Da für die Montage der Bauteile in der Regel nur eine Lage relevant ist, nämlich die erforderliche Einbaulage, müssen die anderen Bauteillagen durch eine entsprechende Auslegung der Zuführtechnik vermieden werden. Eine Hilfe bei der Definition der erforderlichen Ordnungsprozeßfunktionen bietet die im Kapitel 5.2.4 vorgeschlagene Symbolik. Der Zuführvorgang kann so für die einzelnen Bauteile des gewählten Spektrums visualisiert werden.

Anhand von drei Beispielen aus dem gewählten Bauteilspektrum sollen die Anwendung der Symbolik und die Rahmenbedingungen für deren automatische Bereitstellung gezeigt werden. Für die Beispiele wurden der Distanzring, die Hülse und der Taster gewählt, da diese in Bezug auf ihre unterschiedliche Teilegeometrie und den daraus resultierenden maximalen Ordnungsgrad das gesamte Teilespektrum abdecken. Für alle Teile kann ferner folgendes vorausgesetzt werden:

- Zu Beginn des Zuführprozesses wird eine bestimmte Teilemenge ungeordnet gespeichert.
- Gegen Ende des Zuführprozesses werden die Bauteile geordnet gespeichert und zur Montage vereinzelt und positioniert.

D. h., daß sich die anschließenden Betrachtungen auf den Ordnungsprozeß beschränken können.

5.3.3.1 Der Ordnungsprozeß für Distanzringe

Durch die einfache Geometrie der Distanzhülse werden nur geringe Anforderungen an die Zuführung gestellt. Der Schlitz in der Distanzhülse ist kein Ordnungsmerkmal und muß für die Montage nicht orientiert werden.

Aus den Zustand des ungeordneten Speicherns müssen die Teile zunächst in geeigneter Weise durch ungeordnetes Bewegen in die gewünschte Vorzugslage gebracht werden. Für die Montage werden die Distanzringe liegend auf der Stirnfläche benötigt, was bereits der Vorzugslage der Ringe entspricht. Da stehende Ringe selten vorkommen, kann die Ordnungsprozeßfunktion Lage verändern entfallen. Es kann aber trotzdem nicht ausgeschlossen werden, daß Distanzringe im Verbund mehrerer Teile übereinander liegen oder ineinander hängen (Bild 5.17). Für diesen

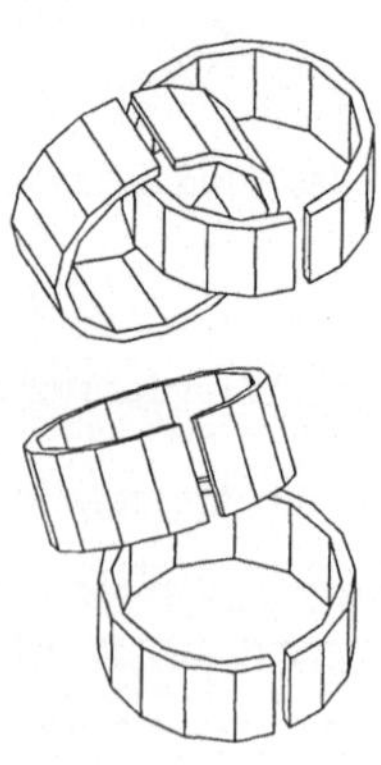

Bild 5.17: Falschlagen bei Distanzringen

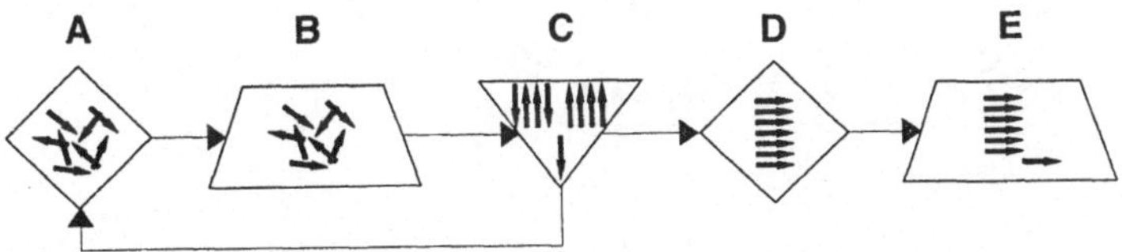

Bild 5.18: Symbolische Beschreibung des Zuführvorganges für Distanzringe

Fall ist es notwendig, die Falschlagen auszuscheiden und dem Ordnungsprozeß erneut zuzuführen. Die verbliebenen Bauteile können unverändert einer geordneten Speicherung zugeführt werden. Der Ordnungsprozeß für Distanzringe kann also, wie in Bild 5.18 dargestellt, aus den zwei Ordnungsprozeßfunktionen *ungeordnet Bewegen* (B) und *Lage ausscheiden* (C) zusammengesetzt werden. Für einen kompletten Zuführvorgang kommen noch die Funktionen *ungeordnet Speichern* (A), *geordnet Speichern* (D) und *Zuteilen* (E) hinzu.

5.3.3.2 Der Ordnungsprozeß für Hülsen

Im Vergleich zu den Distanzringen gestaltet sich der Ordnungsprozeß für Hülsen schwieriger, da deren Geometrie komplizierter ist. Entsprechend der Symmetrieeigenschaften der Hülse müssen sechs Bauteillagen unterschieden werden (vgl. Bild 5.15 zwei Vorzugslagen und stehende Hülse in vier verschiedenen Orientierungen). Für die Montage kann aber lediglich die in Bild 5.19 dargestellte Lage verwendet werden. Alle anderen Lagen und Orientierungen müssen entweder zugunsten der gewünschten verändert oder aber durch Ausscheiden vermieden werden.

Bild 5.19: Montagelage der Hülse

Die dem Speicher ungeordnet entnommenen Hülsen müssen daher zunächst, wie auch die Distanzringe, durch ungeordnetes Bewegen dazu veranlaßt werden, eine der Vorzugslagen anzunehmen. Da nur eine der Vorzugslagen der in Bild 5.19 gezeigten gewünschten Montagelage entspricht, muß die andere ebenso wie die stehende Hülse ausgeschieden werden. Die Anzahl der aus-

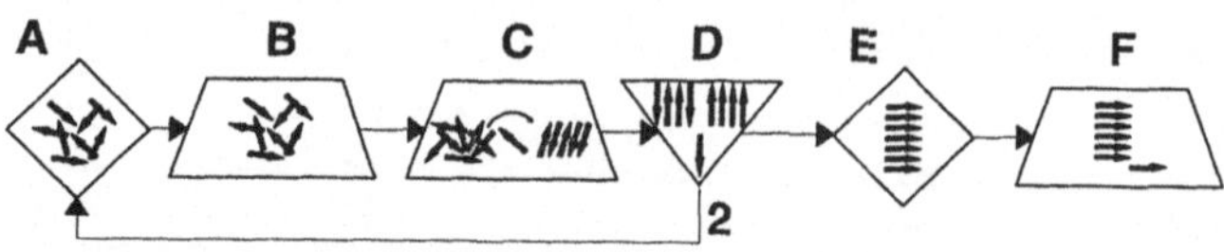

Bild 5.20: Symbolische Beschreibung des Zuführvorganges für Hülsen

zuscheidenden Lagen ist in der graphischen Darstellung des Zuführvorganges in Bild 5.20 mit (2) in der Regelstrecke angegeben.

Entsprechend oft ist zweckmäßigerweise im Ordnungsprozeß die Ordnungsprozeßfunktion Ausscheiden zu wiederholen (Bild 5.20). Nach dem ungeordneten Speichern (A) und Bewegen (B) werden zunächst alle Hülsen, z. B. durch Kippen, liegend ausgerichtet (C). Die noch stehend verbliebenen werden anschließend ausgeschieden (D). Im zweiten Schritt werden dann die zur Montage benötigten Vorzugslagen von den Falschlagen getrennt, letztere werden ausgeschieden (D) und dem Ordnungsprozeß erneut zugeführt. Die geordneten Teile werden gepeichert (E) und zugeteilt (F).

5.3.3.3 Der Ordnungsprozeß für Taster

Der Taster ist ein doppelt-achsensymmetrisches Bauteil und kann zwölf verschiedene Lagen einnehmen (vgl. Bild 5.3). Die Vorzugslagen des Tasters, wie sie in Bild 5.16 dargestellt sind, eignen sich nicht als Montagelage. Bild 5.21 zeigt die gewünschte Montagelage des Tasters.

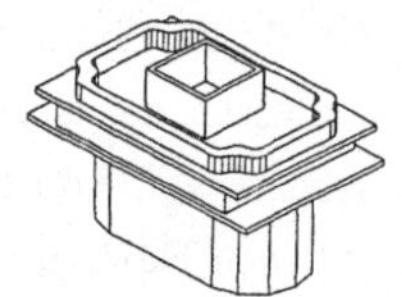

Bild 5.21: Montagelage des Tasters

Bild 5.22 zeigt die symbolische Darstellung des Zuführvorganges für Taster. Die ungeordneten Taster müssen nach der Entnahme aus dem Speicher (A) zunächst *ungeordnet bewegt* werden (B), um die Vorzugslage zu erzeugen. Anschließend werden die Teile aus der Vorzugslage heraus *ausgerichtet* (C). Dabei muß versucht werden, soviele Teile wie möglich für den Ordnungsprozeß zu erhalten, damit die Ausbringung des Ordnungsgerätes nicht sinkt. Ist

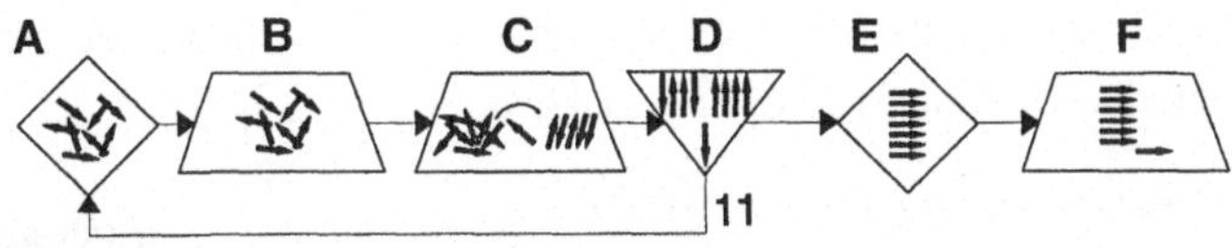

Bild 5.22: Symbolische Beschreibung des Zuführvorganges für Taster

auf diese Weise das Ziel erreicht, den Großteil der Taster auszurichten, müssen die verbliebenen Falschlagen *ausgeschieden* und erneut dem Ordnungsprozeß zugeführt werden (D). Elf von zwölf möglichen Lagen müssen als Falschlagen erkannt und zurückgewiesen werden können (11). Alle geordneten Teile werden *gespeichert* (E) und dem Montageprozeß *zugeteilt* (F).

5.3.4 Funktionsträger zur Umsetzung der Ordnungsprozeßfunktionen

Wie die symbolische Beschreibung von Ordnungsprozessen am Beispiel der Teile Distanzring, Hülse und Taster gezeigt hat, sind Ordnungsprozesse trotz unterschiedlicher Anforderungen durch die Ordnungsaufgabe mit Hilfe der eingangs definierten elementaren Ordnungsprozeßfunktionen darzustellen. Der Vergleich der Ordnungsprozesse für die drei Beispielteile zeigt, daß jeweils nur die Reihenfolge und die Häufigkeit ihrer Anwendung veränderlich ist.

Für die Realisierung der Ordnungsprozeßfunktionen im industriellen Umfeld stehen verschiedene Prinzipien und Hilfsmittel zur Auswahl, die nachfolgend am konkreten Beispiel eines Vibrationswendelförderers und eines Schrägbandlinearförderers die Möglichkeiten zum strukturierten Aufbau von Ordnungsprozessen aufzeigen sollen. Die Geräteauswahl resultiert aus deren Einsatzhäufigkeit (vgl. Kap. 4.4.3).

5.3.4.1 Bunker

Ein Bunker dient dazu, für den beginnenden Ordnungsprozeß eine größere Menge von Bauteilen *ungeordnet speichern* zu können. Zunächst ist zwischen einem geräteinternen und einem geräteexternen Bunker zu unterscheiden. Ein externer Bunker kommt immer dann zum Einsatz, wenn eine der folgenden Bedingungen gegeben ist [LOTT 86a, LOTT 92b]:

- Die Speicherkapazität des Gerätes reicht nicht aus, um einen längeren Produktionszeitraum überbrücken zu können.
- Das Gewicht der im Bunker befindlichen Teile wird so groß, daß die Förderleistung des Gerätes abnimmt.
- Die Teile nehmen so viel Raum ein, daß Ordnungseinrichtungen in ihrer Funktion beeinträchtigt werden.
- Die Bauteile dürfen nicht über einen längeren Zeitraum in den angetriebenen Gerätekomponenten verbleiben, da sie beschädigt werden können.

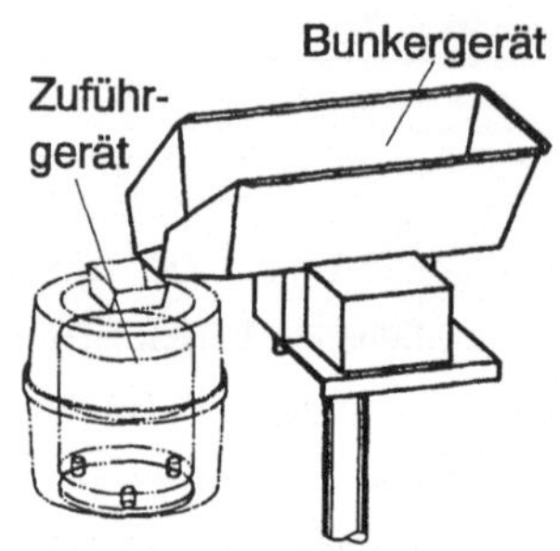

Bild 5.23: Externes Bunkergerät [OKU 93]

Der geräteinterne Bunker eines Vibrationswendelfördereres ist beispielsweise die Schwingschale, bei einem Schrägbandlinearförderer der Vorratsbehälter, aus welchem das Schrägförderband die Teile schöpft (vgl. Bilder 1.2, 1.3 u. 1.4). Bild 5.23 zeigt ein externes Bunkergerät [OKU 93].

5.3.4.2 Schüttbereich

Die Aufgabe einer ersten Ausrichtung wird im Schüttbereich des Ordnungsgerätes realisiert. Das *ungeordnete Bewegen* eines Haufwerkes von Teilen im Schüttbereich soll es dem einzelnen Teil ermöglichen, eine seiner Vorzugslagen einzunehmen. Es gibt verschiedene Möglichkeiten, den Schüttbereich entsprechend auszulegen.

In vielen Fällen genügt eine V-förmige Rinne mit einem Öffnungswinkel von ca. 120-140 Grad zur Vorsortierung der Bauteile. Bild 5.24 zeigt verschiedene Möglichkeiten zur Querschnittgestaltung für den Schüttbereich von linearen Ordnungsschikanen. Die Typbezeichnungen charakterisieren deren Haupteinsatzgebiete anhand bestimmter Teilespektren [STIW 90].

Bei Vibrationswendelförderern stellt der Boden des Topfes den Schüttbereich dar, der hier oft gleichzeitig als Bunker dient.

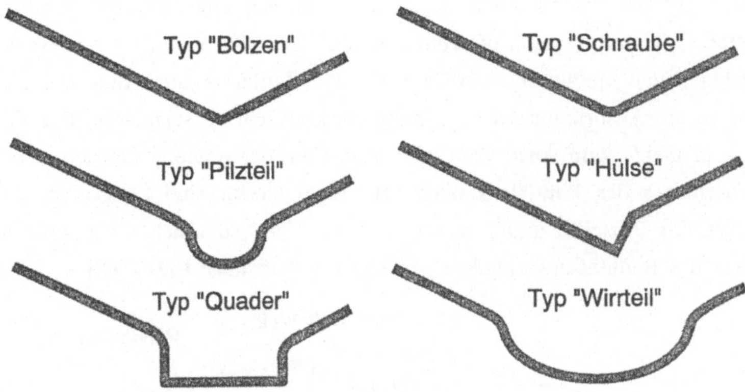

Bild 5.24: Beispiele zur Gestaltung eines linearen Schüttbereiches [STIW 90]

Voraussetzung für eine einwandfreie Funktion des Schüttbereiches ist allerdings bei beiden Ordnungsgerätetypen, daß sich nur genau soviele Teile im Schüttbereich befinden, daß sie sich nicht gegenseitig behindern.

5.3.4.3 Ordnungseinrichtungen (Ordnungsschikanen)

Die Ordnungseinrichtungen sind die Gerätekomponenten, welche ein Haufwerk von ungeordneten Bauteilen in einen geordneten Bauteilverband, z. B. durch Aufreihen, überführen. Im industriellen Sprachgebrauch werden diese als *Ordnungsschikanen* bezeichnet.

Ordnungsschikanen können aus einer Vielzahl von geometrischen Funktionselementen zusammengesetzt sein, um der Ordnungsaufgabe gerecht zu werden. Alle diese Ordnungselemente lassen sich jedoch mit den vorher definierten Ordnungsprozeßfunktionen beschreiben. Anhand von Beispielen realer Ordnungsschikanen sollen hier nur die Wichtigsten dokumentiert werden. Detaillierte Ausführungen zur Auslegung und Gestaltung von Ordnungsschikanen bietet die einschlägige Literatur [BOOT 79, HESS 82, WARN 84, HILG 85].

Die im Schüttbereich erzeugten Vorzugslagen eines Bauteiles sollen in der Ordnungsschikane so verändert werden, daß aus ineinander und aufeinander positionierten Bauteilen möglichst nur noch eine einzige Lage übrigbleibt, deren Orientierung dann bis zum Erreichen der Montagelage verändert wird. Dabei sollen möglichst viele Teile für den Zuführvorgang erhalten bleiben, um so die Ausbringung des Ordnungsgerätes nicht zu schmälern. Die Funktionselemente zum Ausrichten und Ausdrehen der Bauteile machen sich Eigenschaften des Bauteils zunutze. Beispiele hierfür sind Längsnuten (Bild 5.25a, für Pilzteile) und Kippstufen (Bild 5.25b), die sich die exzentrische Lage des Bauteilschwerpunktes zunutze machen [nach LOTT 82].

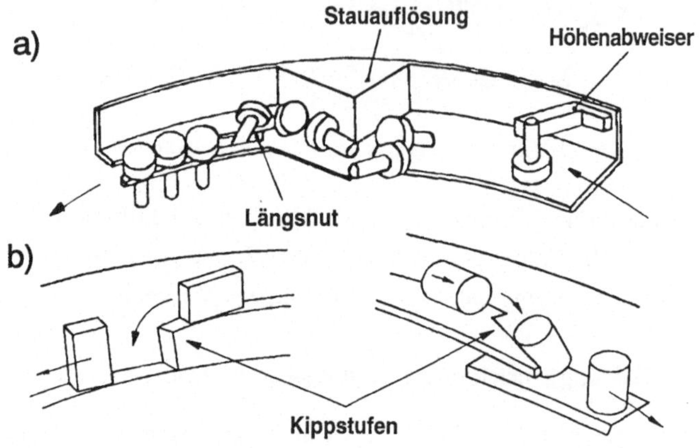

Bild 5.25: a) Längsnut zum Ausrichten von Bauteilen, b) Kippstufen

Mit ähnlichen Ordnungsfunktionselementen wie beim Ausrichten arbeitet der Abweisebereich. Allerdings erfolgt im Gegensatz zu dort ein *Ausscheiden* der übriggebliebenen Falschlagen aus dem Teileverbund. Die Teile werden abgewiesen und über den Bunker dem Ordnungsprozeß erneut zugeführt. Häufig werden mehrere Funktionselemente zum Ausrichten und Abweisen innerhalb einer Ordnungsschikane hintereinander angeordnet, sofern die Ordnungsaufgabe dies erfordert, wie z. B. beim Taster.

Nach Überführen der Bauteile in die gewünschte Lage kann die Orientierung noch von der gewünschten Montagelage abweichen, falls diese im Ausricht- und Abweisebereich nicht herstellbar war. Ein Beispiel hierfür ist der Schlitz im Distanzring. In diesem Fall sind die Teile entsprechend *auszudrehen.*

Grundsätzlich unterscheiden sich die Funktionselemente zum Ausdrehen kaum von den Ordnungselementen zum Ausrichten, nur wird hier Gewicht darauf gelegt, daß beim Ausdrehen keine Lageänderung mehr erfolgt. Darüberhinaus soll nicht mehr abgewiesen werden, da alle Teile in der gleichen Lage in den Ausdrehbereich eintreten und nach Möglichkeit zu 100% verwendet werden sollen. Bild 5.26 zeigt am Beispiel der Distanzringe Bauteile, die sich zwar bereits in der richtigen Lage befinden, aber noch nicht ausgedreht sind.

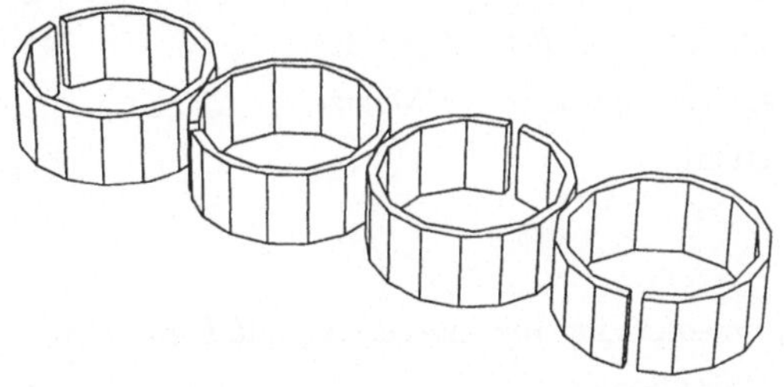

Bild 5.26: Distanzringe in richtiger Lage, Schlitz nicht ausgedreht

5.3.4.4 Pufferbereich

Im Anschluß an die Ordnungsschikane werden die Bauteile schließlich im Pufferbereich *geordnet gespeichert*. Die Speicherung dient dazu, um Schwankungen in der Geräteausbringung sowie der Rückspeisung im Ausscheidebereich auszugleichen und sicherzustellen, daß immer Bauteile für die Montage zur Verfügung stehen. In der Regel bedeutet dies ein Aneinanderreihen oder Aufeinanderstapeln der Bauteile in einer Förderschiene oder einem Fallschacht. Häufigste Erscheinungsform von Bauteilpuffern sind Förderschienen auf Linearvibratoren, welche aus einem Vibrationswendelförderer gespeist werden (vgl. Kap. 4.4.3).

5.3.4.5 Vereinzelung und Positionierung

An den Pufferbereich schließt sich die Vereinzelung an. Sie hat die Aufgabe, der Montage aus dem Puffer einzelne Bauteile *zuzuteilen*. In der Vereinzelung befinden sich normalerweise zwei Teile. Bild 5.27 zeigt schematisch die

Arbeitsweise einer solchen Einrichtung: Bei Betätigung des Querschiebers wird das vorletzte, geordnet gespeicherte Teil am Weiterrutschen gehindert und das letzte Teil freigegeben. Die Vereinzelung ist häufig mit der Positionierung des Bauteiles gekoppelt. Realisiert wird diese Doppelfunktion in der Regel mit Hilfe eines Schiebers, der das Bauteil aus der Reihe oder aus dem Stapel des Puffers vereinzelt und direkt in die Montageposition überführt.

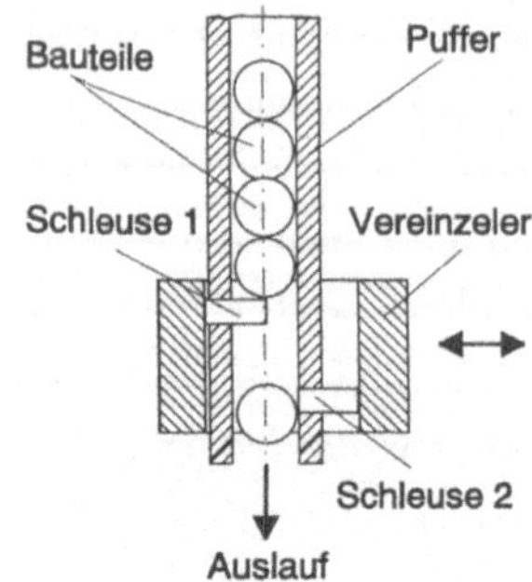

Bild 5.27: Mechanische Zuteilung

5.3.5 Zusammenfassung zur Anwendung und Umsetzung der Ordnungsprozeßfunktionen

Im Zusammenhang mit der Auswahl eines Teilespektrums aus dem Bereich der Kleingerätemontage und unter Anwendung der vorher definierten elementaren Ordnungsprozeßfunktionen konnte gezeigt werden, daß sich Ordnungsprozesse für beliebige Bauteile auf eben jene Grundstrukturen zurückführen und abbilden lassen. Der Vergleich der Ordnungsprozesse zeigt, daß Variationen des Prozeßablaufs lediglich bezüglich der Anzahl und der Reihenfolge der einzelnen Funktionen bestehen.

Die Übertragung der Ordnungsprozeßfunktionen auf die in Zuführgeräten zur Verfügung stehenden Hilfsmittel zu ihrer Umsetzung läßt eine feste Zuordnung zwischen Funktion und Funktionsträger zu und führt zur strukturierten Betrachtung der Zuführgeräte. Die Beziehung zwischen den Ordnungsprozeßfunktionen und den Funktionsträgern im Gerät ist in Bild 5.28 dargestellt.

Die systematische Strukturierung der automatischen Teilebereitstellung hat gezeigt, daß sich der Aufbau von Zuführgeräten immer auf fünf Basiskomponenten zurückführen läßt. Ebenso lassen sich die Ordnungsschikanen durch drei Bereiche zur Erfüllung elementarer Ordnungsprozeßfunktionen beschreiben. Dies stellt einen wichtigen Schritt auf dem Weg zur Optimierung und

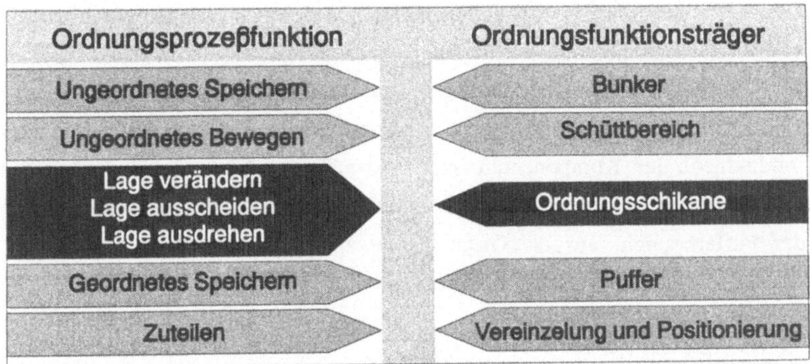

Bild 5.28: Beziehung zwischen den Ordnungsprozeßfunktionen und den Funktionsträgern zu deren Umsetzung

Flexibilisierung der konventionellen, automatischen Teilebereitstellung in Montageanlagen dar.

5.4 Definition produktspezifischer und produktneutraler Strukturen in Ordnungsprozessen

In den folgenden Ausführungen wird die Strukturierung als Basis für die Definition produktneutraler und produktspezifischer Bestandteile von Ordnungsprozessen in Zuführgeräten dienen. Sie ermöglicht es ferner, eine differenzierte Untersuchung des Flexibilitätspotentials der einzelnen Gerätekomponenten in Bezug auf ihre Anpassungsfähigkeit an das zuzuführende Produkt bzw. Bauteil zu untersuchen.

Als *produktneutral* werden Komponenten oder deren Bestandteile bezeichnet, die eine Nutzung durch ein breites Bauteilespektrum zulassen und nur durch äußerlich festgelegte Gegebenheiten wie z. B. die Gerätegröße oder die Geräteleistung begrenzt werden.

Als produ*ktspezifisch* werden hingegen Komponenten oder deren Bestandteile bezeichnet, welche sich nur für ein bestimmtes Bauteil bzw. einen bestimmten Bauteiltyp einsetzen lassen und im Fall eines Produktwechsels ausgetauscht werden müssen.

Es hängt vom einzelnen Anwendungsfall ab, in welchem Verhältnis zueinander spezifische und neutrale Strukturen festgelegt werden können. Der Aufbau von Teilebereitstellungseinrichtungen kann den Anforderungen entsprechend variiert werden. Eine systematische Variation von produktspezifischen und produktneutralen Komponenten zeigt Bild 5.29 am Beispiel einer Ordnungsstrecke für einen Linearförderer. Es kann die gesamte Ordnungsstrecke, nur der Pufferbereich, nur die Ordnungsschikane oder aber Pufferbereich und Ordnungsschikane produktspezifisch und damit austauschbar zu gestalten sein.

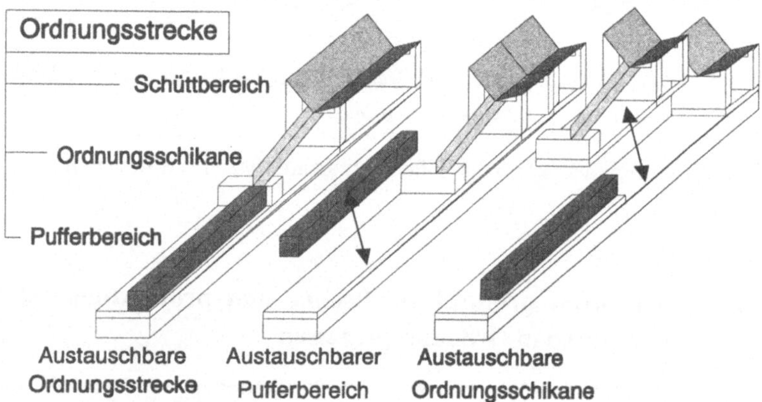

Bild 5.29: Möglichkeiten zum Austausch produktspezifischer Komponenten

Wie aus Untersuchungen in den vorangegangenen Kapiteln hervorgeht, sind die Ordnungsprozeßfunktionen *ungeordnet Speichern, ungeordnet Bewegen, geordnet Speichern* und *Zuteilen* nur mittelbar am Ordnungsprozeß beteiligt. Die dort erzielte Ordnungsleistung ist gemessen an der in der Ordnungsschikane erzielten relativ gering, das Potential interner Flexibilität aber entsprechend hoch (vgl. Kap. 5.2.5). Bei konventionellen Zuführgeräten sind also in diesen Bereichen in gewissen Grenzen eine produktneutrale Nutzung denkbar. Hier sollen Perspektiven für den produktneutralen Einsatz aufgezeigt werden.

Bei den unmittelbaren Ordnungsprozeßfunktionen *Lage verändern, Lage ausscheiden* und *Lage ausdrehen* überwiegt der produktspezifische Anteil. Im Zusammenhang mit einer vorausschauenden Auslegung der Ordnungsfunktionselemente einer Ordnungsschikane sollen hier die Möglichkeiten und Grenzen für eine produktneutrale Nutzung dieser Ordnungsprozeßfunktionen sowie Lösungsansätze hierzu dargestellt werden.

5.4.1 Ungeordnetes Speichern (Bunkern)

Entgegen der bisherigen Praxis, ein Bunkergerät nur für eine spezielle Anwendung zu nutzen, bietet sich ein produktneutraler Einsatz an. Die Bauteile werden ungeordnet gespeichert, sodaß keinerlei produktspezifische Ordnungselemente benötigt werden. Zu berücksichtigen sind lediglich zwei wesentliche Parameter:

- **Bauteilgröße**, da der Bunker ab einer bestimmten Grenze in den Bauteilabmessungen entweder nicht mehr genügend Bauteile speichern kann und somit seiner Funktion nicht mehr gerecht wird oder, weil die Einrichtungen zur Teileentnahme für die Bauteile zu klein bzw. zu groß werden (Schöpfsegmentbunker, Schrägbandförderer).
- **Bauteilgewicht**, da der Bunkerantrieb (Wurfvibrator, Förderband) für eine bestimmte Grenzlast ausgelegt ist.

Daneben müssen natürlich weitere Aspekte, z. B. die Oberflächenbeschaffenheit der Bauteile oder deren Stoßempfindlichkeit, beachtet werden, die aber unabhängig von der Bunkerfunktion zu betrachten sind.

Das bedeutet, daß Bunker weitgehend produktneutral eingesetzt werden können, wenn die verschiedenen zu speichernden Bauteile alle in etwa der gleichen Größen- und Gewichtsklasse entstammen. Unterschiede in der Ausbringgeschwindigkeit und der ausgebrachten Menge können durch die in der Regel für Bunker vorhandenen Steuergeräte binnen kürzester Zeit angepaßt werden.

5.4.2 Ungeordnetes Bewegen (Schütten)

Die Ordnungsprozeßfunktion *ungeordnet Bewegen* soll es den Bauteilen ermöglichen, eine ihrer natürlichen Vorzugslagen einzunehmen (vgl. Kap. 5.2.4.2). Das heißt, daß hier schon konkrete geometrische Gegebenheiten vorliegen müssen, um eine vorläufige Bauteillage und -orientierung zu erzeugen. Üblicherweise geschieht dies im produktspezifisch ausgelegten Schüttbereich des Ordnungsgerätes.

In Versuchen mit dem eingangs vorgestellten Bauteilespektrum in der V-Rinne hat sich gezeigt, daß hier ein großes Potential zur produktneutralen Gestaltung des Schüttbereiches vorhanden ist. Alle Bauteile können mit Hilfe der V-Rinne in eine ihrer Vorzugslagen gebracht werden. Bild 5.30 zeigt die Vorzugslagen der Teile Hülse, Distanzring, Kolben und Taster im V-förmigen Schüttbereich.

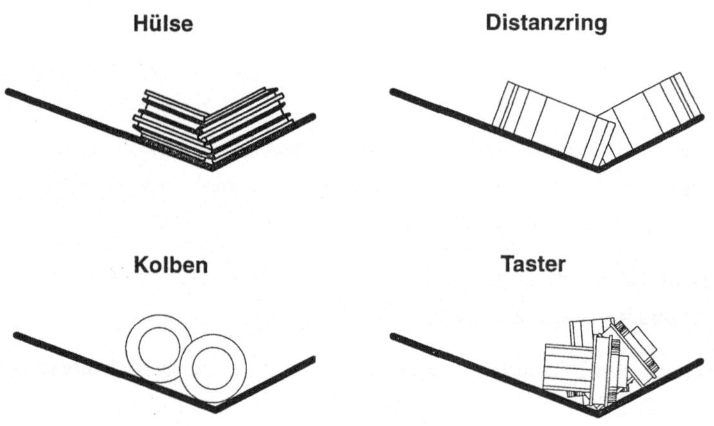

Bild 5.30: Hülse, Distanzring, Kolben u. Taster im V-förmigen Schüttbereich

Eine weitgehend produktneutrale Nutzung des Schüttbereiches ist unter Berücksichtigung folgender Randbedingungen sowohl bei Linearförderern als auch bei Vibrationswendelförderern leicht realisierbar:

- Die Bauteile haben eine (oder mehrere) ausgeprägte Vorzugslage(n), die mechanisch stabile Gleichgewichtslagen darstellen und mit geringem Kraftaufwand aus mechnisch labileren Lagen herzustellen ist. Beispiel: Hülse.
- Die Bauteile haben eine labile Vorzugslage, die mit weniger Kraftaufwand herzustellen ist als andere mechanisch stabile Lagen. Beispiel: Kolben.

- Die Teile können nicht ineinander verhaken oder verklemmen.

Verhakende oder klemmende Bauteile führen zu Teileverbunden, die ohne gezielte äußere Krafteinwirkung nicht mehr gelöst werden können. Der Schüttbereich verliert daher bei solchen Teilen seine Wirkung.

5.4.3 Ordnungsschikanen

Die direkt am Ordnungsprozeß beteiligten Ordnungsprozeßfunktionen *Lage verändern, Lage ausscheiden und Lage ausdrehen* orientieren sich weitgehend am Bauteil selbst, sind also produktspezifisch einzuordnen. Die Ordnungselemente, die hier in den Ordnungsschikanen zum Einsatz kommen, sind häufig der Bauteilkontur in der gewünschten Lage nachempfunden (Positiv-Schikanenelement) oder orientieren sich an den geometrischen Gegebenheiten der Falschlage (Negativ-Schikanenelement). Während ein Positiv-Schikanenelement möglichst nur mit dem einen, einzig erwünschten Bauteilmerkmal korrespondieren sollte, muß ein Negativ-Schikanenelement möglichst Einfluß auf mehrere, wenn nicht alle unerwünschten Teilelagen nehmen können. Bild 5.31 zeigt am Beispiel des Tasters die Wirkung von einem Schikanenelement, welches beide Formen beinhaltet. Beim Positiv (a) legt sich das Bauteil an die Kontur der Schikane an, Falschlagen kippen beim Negativ (b) nach unten.

Es ist nachvollziehbar, daß produktneutrale Strukturen unter diesen Umständen schwer erzielbar sind, da mit zunehmender Anzahl zu unterscheidender Geo-

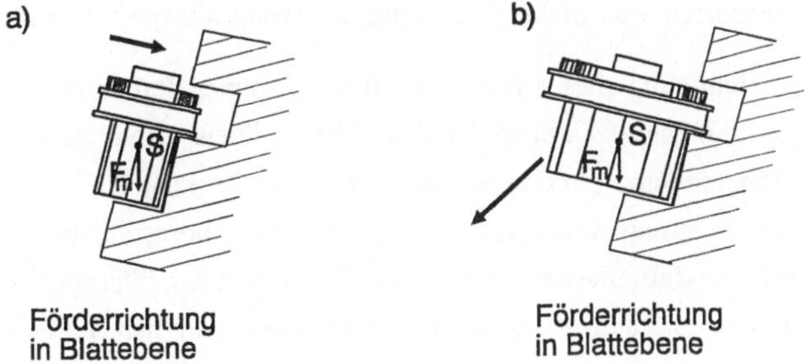

Bild 5.31: Wirkung von a) Positiv- und b) Negativ-Schikanenelementen

metrien die Anzahl der Formmerkmale der Ordnungsschikane steigt. Die unmittelbaren Ordnungsprozeßfunktionen sind mit identischen mechanischen Komponenten, so wie z. B. beim Bunker, auf völlig verschiedene Bauteile nicht anwendbar, also produktspezifisch.

Nur bei Teilefamilien mit sehr ähnlichen Geometriemerkmalen, wie z. B. bei den Lochscheiben, ist eine begrenzte produktneutrale Nutzung der Ordnungsschikane denkbar.

5.4.3.1 Geordnetes Speichern (Puffern)

Das geordnete Speichern von Bauteilen in Puffern ermöglicht den Ausgleich stochastischer Ausbringungsschwankungen der Ordnungsschikane. Die Lage der Bauteile wird hier nicht mehr beeinflußt (vgl. Kap. 5.2.4.6). Vielmehr ist die in den vorangegangenen Teilfunktionen des Prozesses erzeugte Ordnung aufrechtzuerhalten, bis die Bauteile vereinzelt und an den Montageprozeß übergeben werden können. Puffer bestehen daher häufig aus einer produktspezifisch ausgelegten, auf einem Linearförderer angeordneten Leiste, in der die Bauteile geführt werden. Die starre Auslegung dieser Einrichtungen ist aber nicht zwingend notwendig, um die Bauteilnegativform in der Führung abzubilden. Zu beachten ist:

- Lage und Orientierung der Bauteile dürfen nicht verändert werden.
- Bauteile dürfen sich nicht neben- oder übereinander schieben.
- Bauteile dürfen sich nicht gegenseitig am Weitertransport behindern.

Bei Berücksichtigung dieser Randbedingungen können Puffer ohne weiteres produktneutral eingesetzt werden. In Bild 5.32 sind beispielhaft Möglichkeiten zur produktneutralen Pufferauslegung dargestellt. Denkbar sind z. B. V-förmige Bodengestaltung, verstellbare Auslegung der Führung für mehrere Bauteilbreiten bzw. -durchmesser oder stufige Gestaltung der Führungsbahn. Versuche mit dem eingangs vorgestellten Bauteilspektrum haben ergeben, daß die Stufenform für alle Bauteile eingesetzt werden kann.

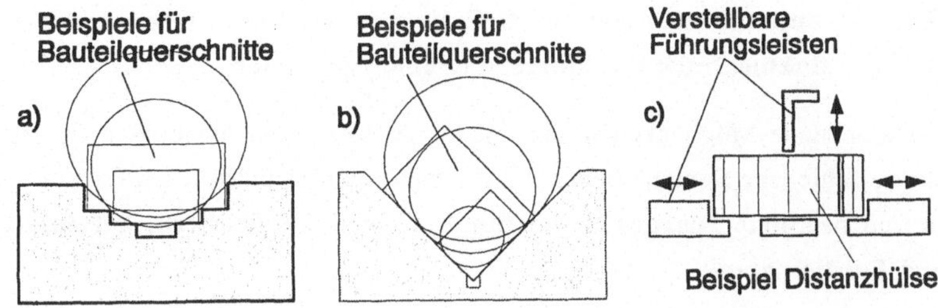

Bild 5.32: Produktneutrale Gestaltung von Pufferstrecken, a) Stufenform, b) V-Form, c) verstellbare Breiten- und Höhenbegrenzung

5.4.3.2 Zuteilen (Vereinzeln und Positionieren)

Eine mechanische Zuteilung von Bauteilen aus dem Puffer heraus wird meistens durch eine zweistufige Schleuse realisiert (vgl. Bild 5.27). Häufig wird für Vereinzelung und Positionierung eine gemeinsame Vorrichtung benutzt. Die Positionierung kann bei glatt auf- bzw. aneinanderliegenden Teilen z. B. durch einen quer zur Förderrichtung wirkenden mechanischen Schieber realisiert werden, der gleichzeitig ein Nachfördern bzw. Nachrutschen von Bauteilen aus dem Puffer verhindert und das vereinzelte Teil bis in die Abholposition befördert. Die Einrichtungen sind mit einfachen Hilfsmitteln, z. B. bei den häufig vorkommenden zylindrischen Bauteilen mit prismatischen Anschlägen, für verschiedene Bauteile nutzbar. Bild 5.33 zeigt schematisch dieses Funktionsprinzip.

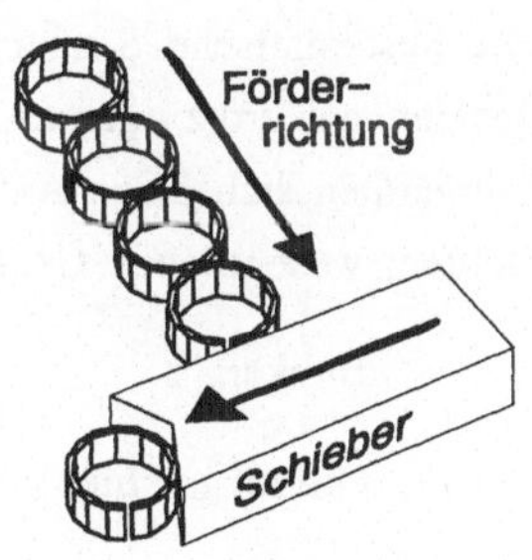

Bild 5.33: Schieber quer zur Förderrichtung

Bei anderen Geometrien genügt es oft, den Ausschieber produktspezifisch anzupassen und bei Bedarf auszutauschen, während der Rest der Vereinzelungs- und Positioniereinrichtung produktneutral belassen werden kann. Innerhalb gewisser Grenzen sind so auch produktneutrale Strukturen bei der Vereinzelung und Positionierung von Bauteilen realisierbar.

5.4.4 Zusammenfassung zur Definition produktspezifischer und produktneutraler Strukturen in Ordnungsprozessen

Weitreichende Möglichkeiten zum intern flexiblen, produktneutralen Einsatz für verschiedene Bauteile bieten die Komponenten für indirekt am Ordnungsprozeß beteiligte Funktionen wie **Bunkern, Schütten, Puffern, Vereinzeln** und **Positionieren**.

Die Möglichkeiten für einen intern flexiblen, produktneutralen Einsatz der direkt am Ordnungsprozeß beteiligten, in Ordnungsschikanen realisierten Funktionen **Ausrichten, Ausscheiden und Abweisen sowie Ausdrehen** sind stark begrenzt.

Eine Anpassung an veränderliche Produktionsrandbedingungen kann hier nur durch Nutzung externer Flexibilitätspotentiale, z. B. durch den Austausch der produktspezifischen Komponenten, erreicht werden.

5.5 Zusammenfassung

Die systematische Strukturierung der automatischen Teilebereitstellung hat gezeigt, daß trotz unterschiedlichster Arten und Funktionsprinzipien von Zuführgeräten sich deren Aufbau immer auf die folgenden, in Bild 5.34 dargestellten, wesentlichen Gerätebestandteile zurückführen läßt:

- Bunker,
- Ordnungsschikane(n),
- Puffereinrichtung(en),
- Vereinzelung und Positionierung.

Hinzu kommen die bisher nicht berücksichtigten Antriebskomponenten der Geräte. Da diese sehr stark von der Gerätebauart und dem Förderprinzip abhängen, wird hier von einer detaillierteren Betrachtung abgesehen.

Die Ordnungsschikanen selbst lassen sich nach der Definition elementarer Ordnungsprozeßfunktionen nochmals strukturieren in:

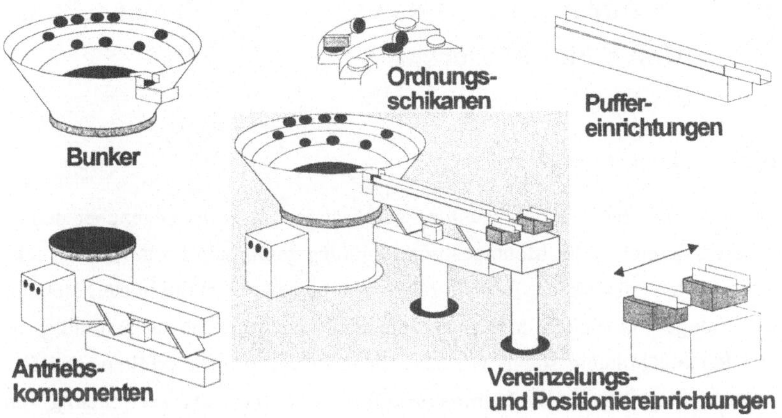

Bild 5.34: Basiskomponenten von Zuführgeräten

- Schütt- oder Vorsortierbereich,
- Ausrichtbereich (Lage verändern),
- Ausscheide- und Abweisbereich (Lage ausscheiden) und
- Ausdrehbereich (Lage ausdrehen).

Für die eindeutige Darstellung von Ordnungsprozessen und den Vergleich von Ordnungsprozessen in verschiedenen Geräten wurden Beschreibungssymbole definiert, die eine Visualisierung der Prozesse ermöglichen. Sie veranschaulichen anhand von Bauteilen aus der Kleingerätemontage die Ähnlichkeit im Aufbau von Ordnungsprozessen trotz unterschiedlich hoher Anforderungen an die Ordnungsleistung durch die Bauteilegeometrie.

Die Strukturierung der Geräte in Verbindung mit der Beschreibungssymbolik hat es ferner ermöglicht, die einzelnen Gerätekomponenten durch die Definition produktneutraler und produktspezifischer Strukturen bezüglich ihres Aufbaus und ihres Flexibilitätspotentials zu bewerten. Dies ist die Ausgangsbasis für die Entwicklung gezielter Ansätze zur Optimierung und Flexibilisierung der konventionellen, automatischen Teilebereitstellung an Montageanlagen.

6 Optimierung der automatischen Teilebereitstellung durch Flexibilisierung

6.1 Zielsetzung

Die automatische Teilebereitstellung an Montageanlagen ist gegenüber den in anderen Bereichen der Montageautomatisierung gemachten Fortschritten rückständig. Neu entwickelte, flexible Montagesysteme können die in sie gesetzten Erwartungen bezüglich hoher Verfügbarkeit, niedriger Störungsanfälligkeit und Personalbindung sowie Wirtschaftlichkeit häufig nicht erfüllen. Die flexible Montage mit hohen Automatisierungsgraden und unter Verwendung von Industrierobotern wird dadurch zunehmend in Frage gestellt.

Ein wesentlicher Grund für diese Entwicklung ist in der mangelnden Flexibilität der Zuführtechnik zu sehen. Die gewünschte Anpassungsfähigkeit der automatischen Teilebereitstellung an veränderliche Produktionsbedingungen wird häufig durch vermehrten und redundanten Zuführgeräteeinsatz erkauft. Die wachsende Gerätezahl zieht eine höhere Anlagenkomplexität sowie zusätzliche Störquellen und Kosten nach sich.

Ziel des folgenden Kapitels wird es deshalb sein, anhand der vorausgegangenen Untersuchungen die Problematik konventioneller Teilebereitstellungskonzepte zu entflechten sowie konkrete Ansätze zur Verbesserung bzw. Ablösung der bestehenden Konzepte aufzuzeigen. Insbesondere sollen in diesem Zusammenhang Maßnahmen zur Flexibilisierung, Standardisierung und Modularisierung der Geräte näher untersucht werden.

6.2 Problematik konventioneller Teilebereitstellungskonzepte

Die starre Geräteauslegung in der konventionellen Teilebereitstellung und der dadurch bedingte Flexibilitätsmangel ziehen eine Reihe von Folgeproblemen nach sich, deren Zusammenhang in Bild 6.1 qualitativ dargestellt ist:

- Wachsende Anzahl von Zuführgeräten bei Variantenmontage,

- sinkende Geräteauslastung mit zunehmender Variantenzahl,
- wachsende Störungswahrscheinlichkeit,
- dementsprechend wachsender personeller Betreuungsaufwand,
- sinkende Verfügbarkeit der Montageanlage und
- steigende Investitionskosten für Montageanlage und Flächenbedarf.

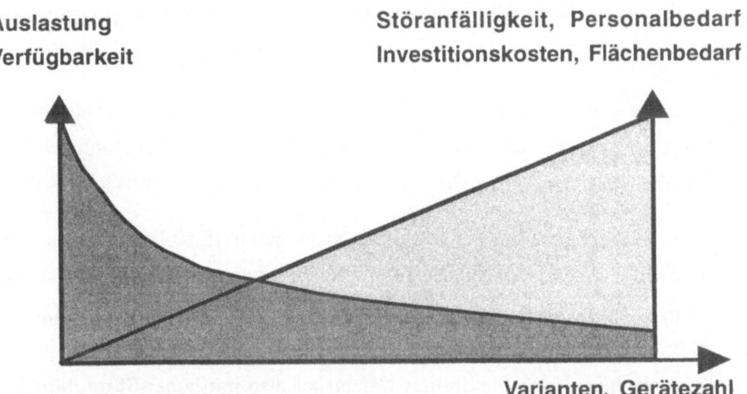

Bild 6.1: Zusammenhang zwischen der Anzahl montierter Varianten, Geräteanzahl, Auslastung, Verfügbarkeit, Störungsanfälligkeit, Personaleinsatz, Investitionskosten und Flächenbedarf (qualitativ)

Mit der Forderung nach Flexibilitätsgewinn wird hier der Bedarf nach neuen Ansätzen für die automatische Teilebereitstellung deutlich, um die Einsparungspotentiale der aufgezeigten Problempunkte zu nutzen und trotzdem produktspezifischen Bedürfnissen einzelner Anwendungen gerecht zu werden.

6.3 Konzeption und Einsatz flexibler Zuführgeräte

Ein wesentlicher Grund für das Flexibilitätsdefizit in der automatischen Teilebereitstellung ist in der mangelnden Modularisierung und Standardisierung ihrer Komponenten zu sehen (vgl. Kap. 4.4.1).

Die Investitionskosten für Zuführgeräte sind entsprechend hoch. Hier kann eine wirksame Kostenreduzierung durch Entwicklung extern flexibler Zuführgeräte mit austauschbaren Ordnungskomponenten erreicht werden. Bei einem Variantenwechsel genügt dann ein Austausch der variantenspezifischen Komponenten, während die anderen Geräteteile weiterverwendet werden können. Auf diese Weise kann auch der Raumbedarf einer Montageanlage für die variantenreiche Montage erheblich reduziert werden. Eine Investitionsentscheidung wird zwar i. A. nicht von den Raumkosten abhängen, möglicherweise aber durch fehlende Flächen in Frage gestellt. Zudem geht für andere Anlagen (-teile) nutzbarer Montagearbeitsraum verloren (vgl. Kap. 4.4.3).

Mehr als die Hälfte der in der Produktion eingesetzten Zuführgeräte sind nur zu 20% oder weniger ausgelastet (vgl. Kap. 4.4.5). Diese Leistungsreserven können ebenfalls durch den Einsatz flexibler Zuführgeräte aktiviert werden.

Die konventionelle Zuführgerätetechnik sieht einen flexiblen Gebrauch der Geräte nicht vor. Der Austausch kompletter Ordnungseinrichtungen ist meistens mit aufwendigen Justagearbeiten verbunden, und der Wert und die Komplexität der auszutauschenden Komponenten entspricht meist der gesamten Zuführeinheit. Hohe Flexibilität war bisher also mit hoher Störanfälligkeit oder hohen Investitionskosten verbunden. Weder der erste noch der zweite Weg scheint aus technischer und betriebswirtschaftlicher Sicht sinnvoll.

Ein neues Konzept, welches sowohl störungssicher sein als auch kostenoptimale Lösungen anbieten soll, wird im Rahmen der weiteren Ausführungen vorgestellt. Werden einzelne Ordnungskomponenten von Zuführgeräten modular, standardisiert und austauschbar gestaltet, kann der Wert der auszutauschenden und damit redundant bereitgehaltenen Geräteteile in diesem Zusammenhang auf ein niedriges Komponentenniveau reduziert werden. Die Voraussetzung für die Modularisierung ist durch die vorangegangene Strukturierung des Ordnungsprozesses und der Geräte geschaffen worden. Die Unterscheidung zwischen produktneutralen, also universell einsetzbaren, wiederverwendbaren Gerätebestandteilen und produktspezifischen, also nur für die Zuführung eines bestimmten Bauteils verwendbaren Komponenten, liefert die Ansatzpunkte dazu.

6.3.1 Entwicklung von Maßnahmen zur Standardisierung und Flexibilisierung von Zuführgeräten

Die Strukturierung von Ordnungsprozeßfunktionen und Gerätekomponenten im Hinblick auf produktneutrale und produktspezifische Anteile hat gezeigt, daß in der automatischen Teilebereitstellung ein großes Flexibilisierungspotential vorhanden ist. Um eine Flexibilisierung der Zuführtechnik zu erreichen, verfolgt diese Arbeit das Ziel, durch den Austausch produktspezifischer Komponenten von Zuführgeräten eine möglichst einfache, schnelle, kostengünstige und sichere Anpassung an unterschiedliche Bauteile durchzuführen. Die Anpassung in dieser Form ist in den bisher bekannten Zuführ- und Ordnungssystemen nicht existent. Die Modellbetrachtung geht zur Realisierung dieses Zieles von folgenden wesentlichen Grundgesichtspunkten aus:

- Trennung von produktneutralem Grundaufbau und von produktangepaßten Komponenten.
- Einfacher standardisierter Grundaufbau aus standardisierten, kombinierbaren Baugruppen.
- Einfache, modular aufgebaute und austauschbare Komponenten zur Realisierung des bauteilspezifischen Ordnungsprozesses.
- Standardisierte Schnittstellen zwischen den Austauschpartnern zur Positionierung, Energie- und Kraftübertragung.

Die Standardisierung und Modularisierung der Komponenten sowie der Schnittstellen berücksichtigt neben dem Flexibilitätsaspekt vor allem die einfache und schnelle Austauschbarkeit zur Vermeidung von Justagetätigkeiten und Minimierung der Rüstzeiten. Darüberhinaus sind Vereinfachungen in der Gerätekonstruktion, -auslegung und -montage zu erwarten (Serienmontage).

Die Trennung und Gliederung der Zuführgeräte in produktneutrale und produktspezifische Anteile konnte bereits in Kap. 5.4 gezeigt werden. Anhand von Ausführungsbeispielen mit den bereits eingangs angesprochenen Ordnungsgeräten sollen nachfolgend Möglichkeiten zur Erfüllung der übrigen Anforderungen aufgezeigt werden.

6.3.1.1 Standardisierter und produktneutraler Grundaufbau

Für die folgenden Untersuchungen wurden zwei handelsübliche Geräte modifiziert, ein Schrägband-Linearfördergerät (STIWA LC-3) sowie ein Vibrationswendelförderer (RNA SRC-N). Die beiden Geräte gehören zu den meisteingesetzten und repräsentieren somit über 90% des industriell genutzten Gerätespektrums (vgl. Kap. 4.4.3).

Der Schrägband-Linearförderer entspricht im Aufbau dem in Bild 1.4 gezeigten Gerät. Die Ordnungsstrecke ist beim konventionellen Gerät genauso lang wie der gesamte Linearförderer und mit diesem verschraubt.

Mit Hilfe der Bauteile Distanzring, Hülse, Taster und Kolben des ausgewählten Bauteilespektrums wurde der mögliche Anteil des Standardgrundaufbaus des Schrägbandlinearförderers sowie der Anteil produktspezifischer Komponenten ermittelt. Bild 6.2 zeigt schematisch am Beispiel des Schrägbandförderers die Verteilung produktabhängiger und -unabhängiger Ordnungsprozeßfunktionen sowie die Entwicklung des Ordnungsgrades über den Zuführprozeß. Weitgehend unabhängige Ordnungsprozeßfunktionen sind *ungeordnet Speichern* (1) und *Bewegen* (2), innerhalb gewisser geometrischer Grenzen *geordnet Speichern* (4) sowie *Zuteilen* (5). Produktspezifisch dagegen sind die Funktionen *Lage verändern und ausscheiden* (3). Die entsprechenden Schnittstellen zwischen Bauteil und Gerät sind der Bunker mit Schrägförderband (I), der Schütt- oder Vorsortierbereich (II), die Ordnungsschikane (III), der Puffer (IV) sowie die Vereinzelungs- und Positioniereinrichtung (V). Die Produktunabhängigkeit nimmt mit dem Fortschritt des Zuführprozesses und wachsendem Ordnungsgrad bis zur Ordnungsschikane ab. Im Bereich des Puffers und der Vereinzelung ist wieder eine begrenzte Produktneutralität möglich. Die produktspezifische Ordnungsschikane kann extern flexibel ausgetauscht werden.

Der Standardgrundaufbau des Schrägbandlinearförderers entspricht also dem Grundgerät mit dem Bunker und dem Schüttbereich auf dem Linearförderer. Der restliche Teil der Linearförderstrecke bleibt frei und stellt die Schnittstelle für das Aufsetzen produktspezifischer Ordnungsschikanen sowie für Puffer und Vereinzelungseinrichtungen unterschiedlichen Flexibilitätsgrades dar.

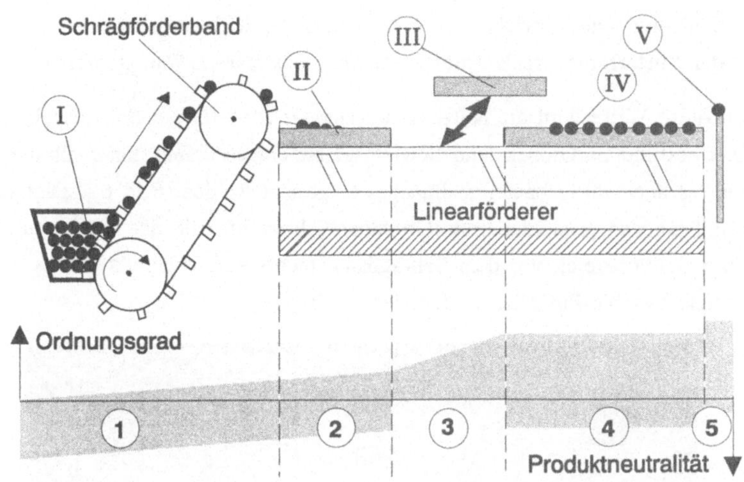

Bild 6.2: Trennung produktneutraler und -spezifischer Geräteanteile beim Schrägbandlinearförderer

Für die produktneutrale Auslegung des Grundgerätes kann eine bereits vorhandene Schnittstelle zur Verschraubung der Linearfördererstrecke mit dem Grundgerät als Basis für das Aufsetzen einer neuentwickelten Linearförderstrecke genutzt werden, in welche wiederum produktspezifische Ordnungskomponenten eingesetzt werden können. Im Zusammenhang mit dem gezeigten Teilespektrum (vgl. Bild 5.13) wird neben der produktneutralen Auslegung der mechnanischen Gerätekomponenten zusätzlich noch die Festlegung folgender Randbedingungen notwendig:

- Auswahl des entsprechenden Schrägförderbandes; die Dimension der Stollen auf dem Band ist abhängig von der Größe der zu transportierenden Bauteile. Die zulässige Bauteilgröße hier kann durch einen Hüllkubus mit dreißig Millimetern Kantenlänge angegeben werden.
- Auswahl der entsprechenden Federpakete für die Wurfvibratoren der Linearförderstrecke; die Dicke der Federn und deren Anzahl ist ausschlag-

gebend für die Tragkraft und somit Förderleistung des Wurfvibrators und abhängig vom Gewicht der Bauteile und der Ordnungskomponenten auf der Linearförderstrecke, hier zusammen maximal ca. fünf Kilogramm.

Auf diese Weise wird die Nutzung des Gerätes zwar für ein Bauteilspektrum einer bestimmten Größen- und Gewichtsklasse eingeschränkt, innerhalb dieser kann es aber völlig bauteilunabhängig eingesetzt werden. Bild 6.3 zeigt das so entstandene produktneutrale Grundgerät, links im Bild der bereits aufgesetzte Schüttbereich vor dem Schrägband, rechts eine ebenfalls bereits aufgesetzte flexible Pufferleiste, dahinter der Bunker.

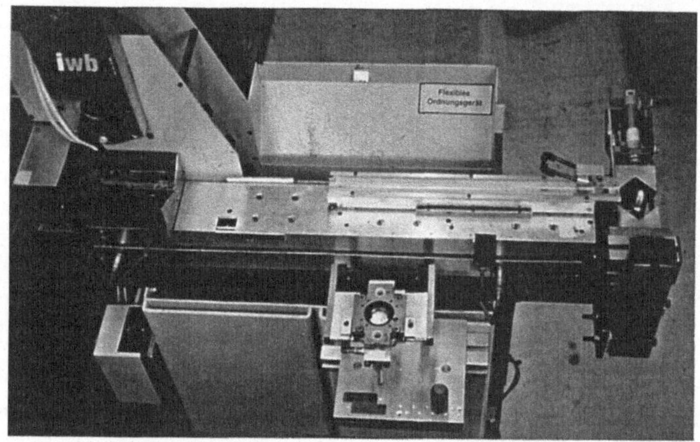

Bild 6.3: Schrägbandlinearförderer mit produktneutraler Ordnungsstrecke incl. Schüttbereich und Pufferbereich

In Analogie zur Standardisierungssystematik beim Schrägbandförderer kann der standardisierte Grundaufbau des Vibrationswendelförderers definiert werden. Nach Festlegung der Randbedingungen für ein Bauteilespektrum einer bestimmten Gewichts- und Größenklasse zur Bestimmung von Wendelbreite und Federpaketbestückung kann auch hier der Grundaufbau produktneutral gestaltet werden. Als Bauteilspektrum kamen Lochscheiben, Tellerfedern und Dichtringe mit einem Durchmesser im Bereich zwischen 25 und 50 Millimetern zum Einsatz, deren Höhe maximal fünf Millimeter beträgt. Bild 6.4 zeigt schematisch den Grundaufbau der entstandenen Anordnung.

Als standardisiertes Grundgerät kann hier ein Förderer mit unbearbeitetem Wendeltopf eingesetzt werden (1). Die Ordnungsprozeßfunktionen *ungeordnet Speichern* und *ungeordnet Bewegen* können darin realisiert werden. Der Grundaufbau bildet ferner die Schnittstelle zur Aufnahme produktspezifischer Ordnungsschikanen (2) und einzelner Ordnungsfunktionselemente (3). Die Funktionen *geordnetes Speichern* und *Zuteilen* werden in einem dem Vibrationswendelförderer nachgeschalteten Linearförderer (4) bzw. durch eine Vereinzelungseinrichtung (5) im Anschluß daran realisiert. Diese Anordnung entspricht der in der Industrie am häufigsten eingesetzten Form (vgl. Kap. 4.4.3).

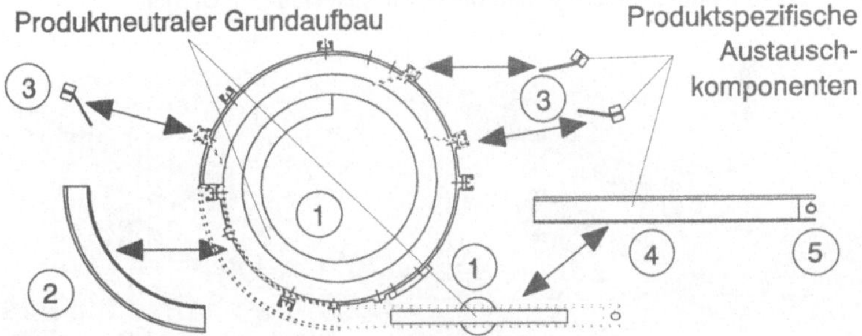

Bild 6.4: Produktneutraler Grundaufbau mit Vibrationswendelförderer

6.3.1.2 Austauschbare, produktspezifische Ordnungskomponenten

Die produktspezifischen Komponenten eines Ordnungsgerätes befinden sich in der Ordnungsschikane, welche die Ordnungsprozeßfunktionen *Lage verändern*, *Lage ausscheiden* und *Lage ausdrehen* umsetzt. Die Umsetzung des Ordnungsprozesses erfolgt mit einzelnen Ordnungsfunktionselementen, z. B. mit Abweisern oder Stufen (vgl. Kap. 5.3.4.3 und Bild 5.25). Die Anzahl der dafür benötigten Ordnungsfunktionselemente hängt von den Bauteilen und deren Ordnungsschwierigkeit ab. Entsprechend kann die aus produktspezifischen Ordnungskomponenten zusammengesetzte Ordnungsstrecke länger oder kürzer werden. Je nach Art und Aufwand der Ordnungsaufgabe kann es sinnvoll sein, die gesamte Ordnungsstrecke auszutauschen oder nur die Ordnungsschikane oder nur einzelne Ordnungsfunktionselemente. Dies soll anhand von zwei Beispielen verdeutlicht werden:

Beispiel 1: Der einfache geometrische Aufbau des Schrägbandlinearförderers erlaubt eine klare Trennung zwischen produktspezifischen und produktneutralen Geräteanteilen vorzunehmen. Die produktneutrale Ordnungsstrecke enthält bereits einen standardisierten Schüttbereich sowie einen flexiblen, für mehrere Bauteile einsetzbaren Pufferbereich (vgl. Bild 6.3). Als produktspezifische Komponenten können hier Ordnungsschikanen, bestehend aus Ausrichte-, Abweise- und Ausdrehbereich eingesetzt werden. Bild 6.5 zeigt die bauteilspezifischen Ordnungsschikanen für den Distanzring, die Hülse, den Taster und den Kolben. Die Komponenten können sowohl manuell als auch mit Hilfe eines Handhabungsgerätes vollautomatisch ausgetauscht werden.

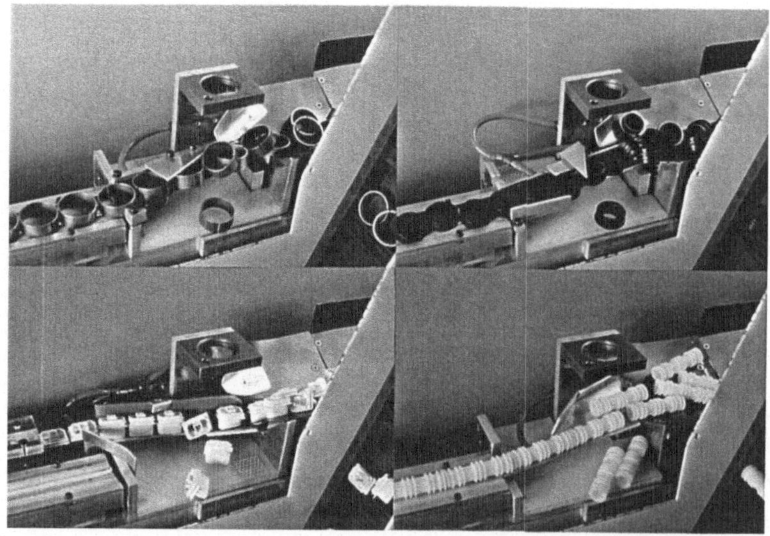

Bild 6.5: Produktspezifische Ordnungsschikanen des Schrägbandförderers

Beispiel 2: Auch beim Vibrationswendelförderer können nach dem oben vorgestellten Prinzip ganze Ordnungsschikanen getauscht werden. Der Förderwendel stellt aber eine komplizierte geometrische Form dar, an der bei starren Geräten fest mit dem Grundgerät verbundene Ordnungsfunktionselemente angebracht sind. Es ist hier daher wesentlich einfacher durchführbar, einzelne Ordnungsfunktionselemente auszutauschen.

Für die Lochscheiben, Tellerfedern und Dichtringe des bekannten Bauteilespektrums wurde auf diese Weise ein Sortiment von produktspezifischen, austauschbaren Abweisern entwickelt, welche, einzeln austauschbar und entlang des Förderwendels hintereinander aufgereiht, die Ordnungsaufgabe erfüllen. Bild 6.6 zeigt einen Teil des Bauteilspektrums mit den dazugehörigen produktspezifischen Ordnungsschikanen und Ordnungsfunktionselementen, welche manuell ausgetauscht bzw. auch untereinander nach Wunsch kombiniert werden können.

Bild 6.6: Vibrationswendelförderer mit produktspezifischen Ordnungsfunktionselementen (Abweiser, Wendelabschnitte)

Neben den Ordnungsschikanen können auch andere Geräteteile, z. B. der Schüttbereich oder der Pufferbereich ausgetauscht werden, wenn die Bauteilgeometrie dies erfordert. Ebenso ist es denkbar, bei sehr komplexen Ordnungsaufgaben die komplette Ordnungsstrecke auszutauschen. Da die Ordnungsaufgabe stark von den Bauteileigenschaften abhängt, kann keine allgemeingültige Klassifizierung durchgeführt werden, bei welchen Bauteilen welche Ordnungskomponenten ausgetauscht werden können. Die Matrix in Bild 6.7 gibt jedoch eine Übersicht der beim Schrägbandförderer für das bekannte Bauteilspektrum gewählten Lösungen, differenziert nach produktspezifischen und produktneutralen Funktionsträgern und unter dem Gesichtspunkt

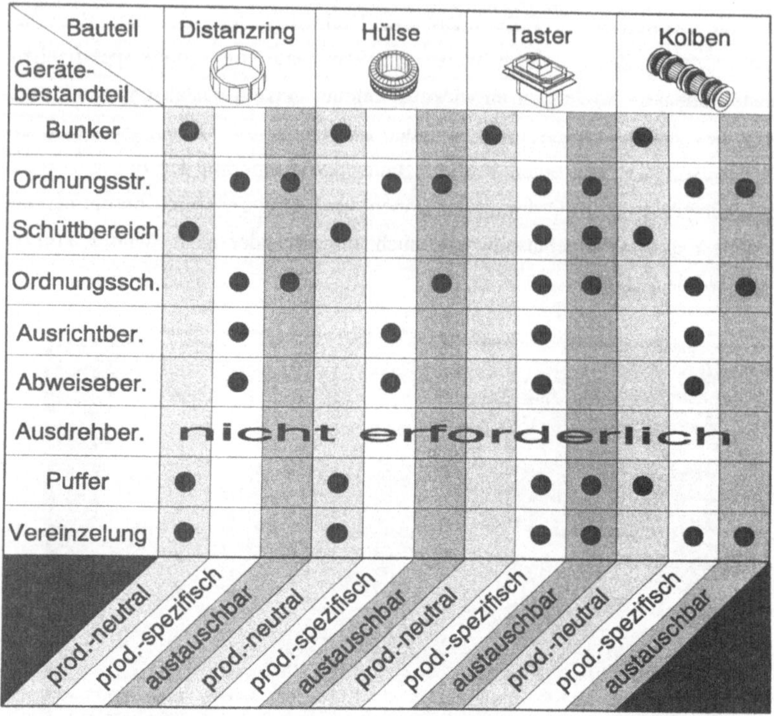

Bild 6.7: Bauteil- und Funktionsträgermatrix zum Austausch produktspezifischer Komponenten von Zuführgeräten

der Austauschbarkeit. Grundsätzlich kann die Ordnungsstrecke insgesamt ausgetauscht werden und enthält dann alle bauteilspezifischen Funktionsträger einschließlich Schüttbereich und Puffer sowie ggf. auch die Vereinzelung. Der Wert der auszutauschenden Komponenten ist dann aber sehr hoch. Der Austausch der gesamten Ordnungsschikane oder einzelner Funktionsträger ermöglicht die produktneutrale Nutzung der einzelnen Komponenten und reduziert den Wert der Austauschkomponenten selbst. Bei den gezeigten Bauteilen war es aufgrund der unterschiedlichen Ordnungsaufgaben nicht möglich, einzelne Funktionsträger der Ordnungsschikane auszutauschen.

Bei den einfach gestalteten scheibenförmigen Bauteilen, die im Vibrationswendelförderer geordnet worden sind, war dagegen bei allen der Austausch einzelner Ordnungsfunktionselemente möglich, z. B. von Höhenabweisern und Wendelabschnitten (siehe Bild 6.6). Puffer und Vereinzelung konnten durchwegs, innerhalb verschiedener Größenklassen (Durchmesser), produktneutral gehalten werden. Eine Matrix erübrigt sich daher.

6.3.1.3 Standardisierte Schnittstellen zur Kraft- und Energieübertragung

Voraussetzung für kurze Rüstzeiten durch einen schnellen, u. U. automatischen Austausch produktspezifischer Komponenten ohne nachträgliche Anpassungs- und Justierarbeiten sind standardisierte Schnittstellen zwischen den einzelnen Fügepartnern. Die Aufgaben der Schnittstellen sind:

- Positionierung und Fixierung der Austauschkomponenten auf dem produktneutralen Grundgerät und
- Übertragung von pneumatischer oder elektrischer Energie, ggf. auch von Daten, für Verbraucher auf den Austauschkomponenten.

An Schnittstellen für austauschbare Ordnungseinrichtungen sind hohe Anforderungen zu stellen. Zum einen sind sie sehr empfindlich gegen geometrische Abweichungen z. B. innerhalb der Ordnungsstrecke. Schon geringfügige Toleranzen können die Förderleistung nachhaltig beeinträchtigen. Demzufolge sind formschlüssige Verbindungselemente erforderlich, die eine exakte Positionierung der Fügepartner gewährleisten. Darüberhinaus sind die Ordnungseinrichtungen der Vibration der Antriebe ausgesetzt und müssen deren Leistung ohne Verluste auf das Fördergut übertragen können. Dies bedeutet, daß auch eine kraftschlüssige Verbindung zwischen dem produktneutralen Grundgerät und den produktspezifischen Ordnungseinrichtungen notwendig ist.

Mechanische und elektromechanische Verbindungselemente können als Stand der Technik vorausgesetzt werden. Die hier exemplarisch gezeigte Lösung, ein Verbindungselement aus einem I- und einem C-Profil mit einem integrierten federnden Druckelement (FDE), hat sich in Versuchen mit austauschbaren Zuführgerätekomponenten ausgezeichnet bewährt. Bild 6.8 zeigt einen Schnitt durch das Verbindungselement. Die FDE erzeugen den Kraftschluß über deren integrierte Druckfeder, die nahezu spielfreie Profilführung den Formschluß.

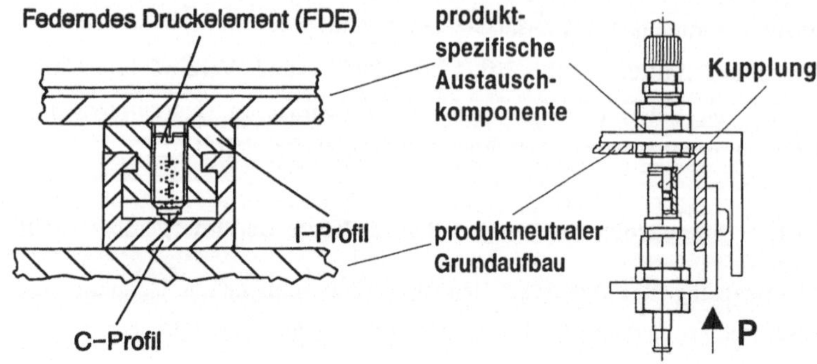

Bild 6.8: C-I-Verbindungselement mit FDE

Bild 6.9: Pneumatische Kupplung, selbstabsperrend

In Bild 6.9 ist als Beispiel für die Übertragung von Energie auf die Austauschkomponenten eine modifizierte, selbstabsperrende Druckluftkupplung dargestellt. Sie überträgt die Druckluft zum Ausblasen von Falschlagen auf den austauschbaren Ordnungsschikanen des Schrägbandlinearförderers.

6.3.2 Anteil produktspezifischer Bestandteile am Gesamtgerät

Durch die Standardisierung und Modularisierung der Ordnungsgeräte können Überkapazitäten durch redundant vorrätig gehaltene Geräteteile von der Anlagenebene auf eine sehr niedrige Komponentenebene reduziert werden. Der Zusammenhang wird in Bild 6.10 gezeigt. Wo es bisher nötig war, für Bau-

Bild 6.10: Reduzierung von mehrfach bereitgehaltenen Ordnungsgeräten auf nur ein Gerät und einzelne Gerätekomponenten

teilvarianten mehrere produktspezifisch ausgelegte Ordnungsgeräte einzusetzen, genügt in Zukunft der Einsatz eines produktneutral ausgelegten Grundgerätes, in welches vergleichsweise einfache und kostengünstige Ordnungskomponenten oder gar nur Ordnungsfunktionselemente eingesetzt werden können. Der Wert der Austauschkomponenten beträgt dabei nur einen Bruchteil des Anschaffungspreises für ein komplettes Gerät. Nimmt man den Komponentenwert als Anhaltspunkt zur Bewertung des produktspezifischen Anteils der vorgestellten Ordnungsgeräte, so stellt man fest, daß dieser noch unterhalb von 10% des gesamten Gerätewertes ausmacht. Die Ersparnis gegenüber parallel bereitgehaltenen Geräten ist somit erheblich.

6.4 Konzeption und Einsatz flexibler, autonom arbeitender Ordnungszellen

Als weiterführender Ansatz zur Optimierung der automatischen Teilebereitstellung, welcher sich im Zuge der vorher dargestellten Modularisierung und Flexibilisierung der Ordnungs- und Zuführgeräte anbietet, soll nun ein Konzept vorgeschlagen werden, welches die vollständige Abtrennung der Ordnungsprozesse vom Montagegeschehen vorsieht. Die Verlagerung von Ordnungseinrichtungen in zentrale Bereitstellungszonen, z. B. in Logistikzentren oder den Wareneingang, ermöglicht auf der Grundlage modular aufgebauter Ordnungsgeräte eine flexible Magazinierung von Bauteilen in zentralen Ordnungszellen. Die magazinierten Bauteile können dann in einem geschlossenen Kreislauf dem Montageprozeß, die entleerten Magazine wieder der flexiblen Kommissionierung zu erneuten Befüllung zugeführt werden.

Die Vorteile dieses Konzeptes aus produktionstechnischen Gesichtspunkten sind folgende:

- Produktivitätszuwachs und Verfügbarkeitssteigerung durch Entkopplung der Montageanlagen von Störungen in der Bauteilbereitstellung,
- Reduzierung des Raumbedarfs von Montageanlagen,
- Reduzierung der Komplexität von Montageablauf und Steuerungsaufwand,

- auftrags- und losgrößenbezogene Kommissionierung von allen für einen Montageauftrag benötigten Teilen und/oder Baugruppen.

Aus wirtschaftlicher Sicht bestehen weitere Vorteile in der:

- Verminderung von Stillstandszeiten der Ordnungsgeräte und Ausnutzung ihres tatsächlichen Leistungspotentials,
- Reduzierung des Personalbedarfes an Montageanlagen,
- Wiederverwendbarkeit der Ordnungsgeräte und/oder ihrer Komponenten.

In Bild 6.11 wird schematisch die Funktion einer flexiblen Kommissionierzelle dargestellt: Die zu montierenden Bauteile werden in verschiedenen Ordnungszuständen angeliefert, ungeordnet als Schüttgut, teilgeordnet in Behältern oder auch bereits geordnet in Magazinen. In der Ordnungszelle werden nun mit Hilfe von flexiblen Zuführgeräten und Handhabungseinrichtungen die Bauteile geordnet und die Auftragslose für verschiedene Montageaufträge zusammengestellt. Ziel ist, daß nur geordnete Bauteile in Magazinen oder auf Werkstückträgern losweise und auftragsbezogen die Zelle verlassen. Auf diese Weise kommissionierte Auftragslose werden schließlich mit Hilfe eines Materialflußsystems dem Montageprozeß zugeführt, z. B. wie in der bildlichen Darstellung mit einem fahrerlosen Transportsystem (FTS).

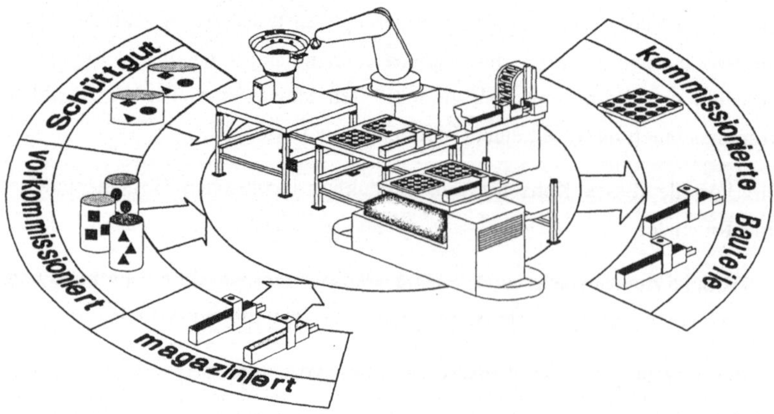

Bild 6.11: Kommissionierung von Kleinteilen in flexiblen Ordnungszellen

6.4.1 Aufbau einer flexiblen Kommissionierzelle für Kleinteile

In den folgenden Ausführungen werden die Aufgaben, der Aufbau und die Arbeitsweise einer im Rahmen dieser Arbeit entwickelten flexiblen Kommissionierzelle nach dem oben vorgestellten Konzept erklärt.

6.4.1.1 Aufgaben der flexiblen Kommissionierzelle

Um der oben grob skizzierten Funktion gerecht zu werden, müssen die in der Zelle vorhandenen flexiblen Zuführgeräte mit unterschiedlichen Bauteilen gefüllt werden, welche nach Passieren der Ordnungsstrecke entweder direkt palettiert oder aber in Magazine gefüllt werden. Nach der Beendigung eines Kommissionierauftrages müssen in den Ordnungsgeräten verbliebene Bauteile entleert und wieder dem jeweiligen Teilevorrat zugeführt werden, die Ordnungskomponenten müssen ebenfalls entnommen und gegen die für den nächstfolgenden Auftrag ausgetauscht werden. Aus dieser Funktionsbeschreibung wird deutlich, daß innerhalb einer flexiblen Kommissionieranlage eine Reihe von Aufgaben wahrzunehmen sind. Im einzelnen sind dies:

- Überführung eines breiten Bauteilspektrums aus einem beliebigen Ordnungszustand in den geordneten Zustand,
- Bereitstellung der produktneutralen Basiseinrichtungen sowie der bauteilspezifischen Ordnungskomponenten,
- Bereitstellung der benötigten Magazine und Werkstückträger,
- Qualitätssicherung, Überwachung der Ordnungs- und Magazinierprozesse,
- Betriebsdatenerfassung der auftragsbezogenen, losweisen Bereitstellung von Bauteilen in Magazinen und Werkstückträgern.

Neben diesen Funktionen, die zur Umsetzung des reinen Zuführ- und Magazinierprozesses dienen, sind in der Zelle eine Reihe von Handhabungsaufgaben zu realisieren. Dies sind z. B. der Austausch produktspezifischer Ordnungskomponenten, die Be- und Entstückung der Magazine und Werkstückträger sowie die Beschickung der Zuführgeräte mit Bauteilen.

Die Tätigkeiten können entweder *manuell* von einem Bediener oder *automatisch* von einem Handhabungsgerät durchgeführt werden, z. B. von NC-Achsen oder einem Industrieroboter. Die Einsatzgebiete beider Lösungen hängen von der technischen Realisierung und der Wirtschaftlichkeit ab. Es ist z. B. sinnvoll, einen Bediener für solche Kommissionieraufgaben heranzuziehen, die automatisch nicht durchführbar bzw. aufgrund der geringen Losgröße nicht wirtschaftlich sind, während ein Handhabungsautomat für häufige, monotone und für den Menschen auf Dauer unzumutbare Aufgaben eingesetzt wird.

6.4.1.2 Bestandteile der flexiblen Kommissionierzelle

Zentrale Bestandteile der flexiblen Kommissionieranlage sind modular und flexibel aufgebaute Ordnungsgeräte. Diese bestehen aus einem produktneutralen Grundaufbau und produktspezifischen Ordnungskomponenten, die mit Hilfe von standardisierten Schnittstellen schnell, positionsgenau und funktionssicher ausgetauscht werden können. Neben diesen direkt am Ordnungsprozeß beteiligten Einrichtungen werden Lagerflächen und Puffer benötigt für

- Ordnungsfunktionsträger, welche gerade nicht benötigt werden,
- Teilebehälter mit ungeordneten oder teilgeordneten Bauteilen,
- leere und gefüllte Werkstückträger und Magazine und
- Restteile bzw. Restteilebehälter.

Um für die losweise, auftragsbezogene Kommissionierung einen schnellen Zugriff auf diese Komponenten zu gewährleisten, sieht das hier erarbeitete Konzept ein automatisches Teile- und Komponentenlager in unmittelbarer Nähe der Kommissionieranlage vor, welches folgende Funktionen erfüllt:

- Wareneingangs- und Ausgangslager für Bauteile und Baugruppen,
- Individualpuffer für das bedienende Personal,
- Parallelschaltung manueller und automatischer Kommissionieraufgaben,
- Parallelschaltung von Kommissionierhaupt- und Neben(Rüst-)zeiten.

Bild 6.12 zeigt die in der graphischen 3D-Simulation geplante Kommissionieranlage mit Zuführgeräten, Industrieroboter, automatischem Lager für Teile und Komponenten sowie Arbeitsplattform für bearbeitete Aufträge.

Bild 6.12: Flexible Kommissionieranlage mit Ordnungsgeräten und Lager

Zur Verifizierung des Ansatzes "Flexible Kommissionierzelle" wurde zunächst die in Bild 6.13 gezeigte Versuchsanlage konzipiert. Zentrale Komponente der Anlage ist der bereits vorgestellte flexibilisierte Schrägbandlinearförderer (Bildmitte vorne). Als Handhabungsgerät dient ein Industrieroboter Mantec R3 (Bildmitte hinten), der auf drei Arbeitsplattformen auf Ordnungsmodule, Werkstückträger, Magazine und einzelne Bauteile zugreifen kann (links und rechts im Bild). Die zu ordnenden Teile sind in einem einerseits durch den Bediener, andererseits über standardisierte Schnittstellen durch den Roboter zugreifbaren Kleinteilelager bereitgestellt (rechts im Bild).

6.4.1.3 Arbeitsweise der flexiblen Kommissionierzelle

Um eine auftragsbezogene Kommissionierung von vier verschiedenen Kleinteilen zu realisieren, wurde für jedes der vier Produkte ein eigenständiger

Bild 6.13: Flexible Kommissionierung von Kleinteilen im Versuchsaufbau

Programmzyklus entwickelt, der es ermöglicht, z. B. von einem der Robotersteuerung übergeordneten Zellenrechner aus, Auftragsdaten wie beispielsweise Anzahl der zu magazinierenden Teile bzw. Anzahl der mit einem Bauteiltyp zu füllenden Magazine aus einem Auftragspuffer einzulesen. Der Kommissionierzellenroboter beginnt mit der Magazinierung der Teile, während bereits der nächstfolgende Auftrag im Auftragspuffer eingelastet werden kann. Der Kommissionierzyklus ist dann für alle Bauteiltypen nahezu identisch und besteht aus folgenden Arbeitssequenzen (Bildfolge 6.14 bis 6.19):

- Der Roboter entnimmt dem Komponentenlager, hier noch als Handlager auf einer Arbeitsplattform integriert, die dem Bauteiltyp entsprechende produktspezifische Ordnungsschikane und positioniert sie auf der Ordnungsstrecke des Linearförderers (Bild 6.14, Bild 6.15)

- Anschließend wird dem Kleinteilelager ein Behälter mit den zu magazinierenden Teilen entnommen. Der Roboter füllt sie in den Bunker des Schrägbandlinearförderers (Bild 6.16, Bild 6.17).

Bild 6.14: Komponentenlager, holen einer Ordnungsschikane

Bild 6.15: Positionieren der Ordnungsschikane im Gerät

Bild 6.16: Entnehmen eines Teilebehälters aus dem Lager

Bild 6.17: Entleeren des Teilebehälters in den Bunker

Bild 6.18: Ordnungsstrecke, Positionieren eines Magazins

Bild 6.19: Palettieren von Bauteilen mit dem Industrieroboter

- Für eine automatische Magazinierung der Teile kann jetzt vom Roboter ein produktspezifisches Magazin aus dem Komponentenlager entnommen und vor dem Auslauf der Ordnungsstrecke positioniert werden (Bild 6.18).
- Alternativ dazu kann der Industrieroboter im Komponentenlager einen bauteilspezifischen Greifer aufnehmen, die Bauteile einzeln greifen und auf Werkstückträger palettieren (Bild 6.19).

Der automatische Rüstprozeß für die Bearbeitung eines produktspezifischen Kommissionierauftrages ist damit abgeschlossen. Es folgt der eigentliche Ordnungsprozeß, der solange fortgesetzt wird, bis die erforderliche Anzahl von Magazinen bzw. von palettierten Bauteilen erreicht ist. Während dieser Zeit kann der Industrieroboter, sofern er nicht unmittelbar mit der Bauteilpalettierung befaßt ist, andere Aufgaben übernehmen. Denkbar ist in diesem Zusammenhang z. B. das Rüsten eines Kommissionierauftrages auf einem gedachten zweiten Ordnungsgerät.

Nach Beendigung des Ordnungsauftrages werden alle produktspezifischen Komponenten wieder aus der Ordnungsstrecke des Linearförderers entfernt und ins Komponentenlager zurückgestellt. Gefüllte Magazine und Werkstückträger können nun über ein Materialflußsystem der Montage zugeführt werden. Das Ordnungsgerät wird automatisch entleert, Restteile werden vom Bediener wieder dem entsprechenden Behälter im Kleinteilelager zugeführt. Damit ist wieder der Ausgangszustand der Kommissionierzelle hergestellt, und der bereits im Auftragspuffer stehende nächste Auftrag kann bearbeitet werden, was zunächst mit dem erneuten Rüsten der Anlage verbunden ist. Eine Komplettumrüstung, ausgehend vom produktspezifisch gerüstetem Gerät nach Beendigung des letzten Kommissionierauftrages bis zum Erreichen der Arbeitsfähigkeit für den nächsten dauert im Versuchsbetrieb weniger als drei Minuten.

Die Qualitätskontrolle während des gesamten Ablaufes übernimmt ein am iwb entwickelter Lasersensor [KARS 90]. Dieser ist in drei Meter Höhe oberhalb des Zellenarbeitsraumes angeordnet (siehe Bild 6.12, Mitte oben) und tastet beliebige Prüfpunkte in der Kommissionierzelle mit einem über eine Spiegeloptik abgelenkten monochromatischen Lichtstrahl ab. Das vom Prüfort diffus reflektierte Licht wird mit zuvor abgespeicherten Soll-Werten verglichen. Das Ergebnis des einzelnen Prüfauftrages wird dem Roboter über eine serielle Schnittstelle mitgeteilt. Der Lasersensor erfüllt so unter Verzicht auf herkömmliche Sensorik in der Kommissionierzelle folgende Funktionen:

- Auswertung von Bauteil- und Komponentenanwesenheiten,
- Kollisionsschutz durch Störstellenabfrage,
- Zählen von magazinierten Bauteilen und
- Farbdecodierung des Inhaltes von Bauteilbehältern.

6.4.2 Technische Randbedingungen und wirtschaftlicher Nutzen

Nicht jede Montageanlage erfüllt die Bedingungen, um von einer autonomen, flexiblen Kommissionieranlage versorgt werden zu können, denn nicht alle Teile eignen sich für eine Magazinierung. Es sind eine Reihe von technischen und letztlich auch wirtschaftlichen Vorbedingungen zu berücksichtigen, um einen sinnvollen Einsatz des hier dargestellten Teilebereitstellungskonzeptes gewährleisten zu können.

6.4.2.1 Technische Randbedingungen

Eine wesentliche Grundvoraussetzung für den Einsatz einer flexiblen Kommissionieranlage nach dem beschriebenen Konzept ist die Eignung des ausgewählten Teilespektrums im Hinblick auf die automatische Zuführung und Magazinierung. Für die im Maschinenbau sehr große Gruppe zylindrischer Bauteile ist diese im allgemeinen gegeben, was auch im Rahmen dieser Arbeit für die Hülsen, Distanzringe, Kolben, Scheiben, Dichtringe und Tellerfedern bereits nachgewiesen werden konnte.

Bei komplexeren Geometrien ist die Eignung der Bauteile im Einzelfall zu überprüfen. Am Beispiel des Tasters konnte gezeigt werden, daß dieser ohne Vorbehalte ebenso wie die anderen Teile geordnet und magaziniert werden kann. Es ist dabei sehr wichtig, daß die fraglichen Teile in irgendeiner Form geschichtet, gestapelt oder aneinandergereiht werden können. Darüberhinaus muß der Aufwand, um die Teile in diese magazinierfähige Lage zu bringen, technisch und wirtschaftlich vertretbar sein. Das heißt konkret:

- Die Teile können automatisch geordnet und magaziniert werden,
- die laufenden Kosten für eine automatische Magazinierung sind kleiner als bei manueller Magazinierung bzw.
- die Teile passen zu einem bereits vorhandenen magazinierbaren Teilespektrum und erlauben somit eine wirtschaftliche automatische Magazinierung.

Ein weiterer wichtiger Gesichtspunkt ist, daß der Montageablauf genügend Zeit läßt, die Bauteile zu magazinieren. D. h. konkret: Die Montagetaktzeit ist größer als die Zeit, die zum Magazinieren, Transportieren und Puffern eines Bauteils erforderlich ist.

Bei mehrfach bereitgehaltenen Geräten für Varianten stehen die für eine bestimmte Variante benötigten Geräte oft wochenlang still, sodaß eine Magazinierung der betreffenden Teile in dieser Zeit keine Probleme aufwirft. Für ständig im Einsatz befindliche Geräte kann deren Auslastung als Anhaltswert für die Bestimmung der minimal geeigneten Montagetaktzeit herangezogen werden; die Grenze liegt hier bei einer Montagetaktzeit von ca. 5 Sekunden. Beispiel: Geht man davon aus, daß handelsübliche ZuführgeräteAusbringleistungen von ca. 40 bis 80 Teilen pro Minute erzielen (= 60 im Mittel), dann entspricht die Abnahme von 12 Teilen pro Minute (alle 5 Sekunden) einer ca. 20%igen Geräteauslastung. Bezogen auf oben genannten Minimal- und Maximalwerte können vollausgelastete Ordnungsgeräte in der Kommissionierzelle die ca. drei- bis siebenfache Teilemenge mehr pro Zeiteinheit magazinieren als das gering ausgelastete, starr ausgelegte, einzelne Ordnungsgerät direkt an der Montageanlage. Bei einfachen Teilen, die mit sehr hoher Ausbringleistung magaziniert werden können (mehr als 60 Teile pro Minute), reicht auch eine minimale Taktzeit von ca. 3-4 Sekunden, um eine aus temporären Gesichtspunkten erfolgreiche Magazinierung durchzuführen.

Für Montageanlagen, die mit kürzeren Taktzeiten als den angesprochenen arbeiten, ist das System der flexiblen Kommissionierzelle nur beschränkt geeignet, da die Magazinierleistungen den kurzen Montagetaktzeiten Rechnung tragen müssen. Denkbar wäre in diesem Fall eine Mehrfachgeräteanordnung. Allerdings soll dieses Konzept in erster Linie solche Anlagen ansprechen, deren Zuführgeräte unzureichend ausgelastet sind. Nach den Ergebnissen der Analyse ist dies bei 70% der eingesetzten Zuführgeräte der Fall, welche zu weniger als 20% ausgelastet sind (vgl. Kap. 4.4.5). Insbesondere hier kann durch die flexible Kommissionierung bei Erzielung hoher Verfügbarkeit durch die magazinierten Teile und trotz zusätzlicher Transportprozesse eine rationelle Versorgung der Montage mit Teilen erzielt werden. Durch eine räumlich günstige Anordnung der Kommissionierzelle zu den zu versorgenden Montageanlagen können kurze Wege und eine geringe Anzahl an umlaufenden Magazinen sowie ein entsprechend geringes Puffervolumen erreicht werden.

6.4.2.2 Wirtschaftlicher Nutzen

Aus ökonomischen Gesichtspunkten drängt sich die Frage auf, ob sich eine Magazinierung von Bauteilen nach dem beschriebenen Konzept in Anbetracht der zu erwartenden Erhöhung des Transportvolumens über kurze Distanzen, Magazinkosten etc. lohnt und welche Parameter zu berücksichtigen sind, um hierüber definitive Aussagen treffen zu können.

In Investitionsrechnungen werden meist nur Kostenvergleiche zwischen den einzelnen Alternativen angestellt. Flexible Lösungen schneiden dabei gegenüber konventionellen oft schlechter ab, da Effekte wie z. B. die Mehrfach- und Wiederverwendbarkeit der eingesetzten produktneutralen Komponenten nicht berücksichtigt werden. Der wirtschaftliche Nutzen der flexiblen Kommissionierung ist vor allem in folgenden Punkten zu sehen:

- 60-80% des Verfügbarkeitsverlustes in Montageanlagen sind nachweislich auf Störungen in der Teilebereitstellung zurückzuführen und können durch die Entkopplung der Zuführprozesse von der Montage vermieden werden.
- Der Personalaufwand zur Störungsbehebung ist hoch. Durch die Reduzierung der Störquellen (ein flexibles Gerät statt mehrere starre) und Konzentration auf einen Ort (kurze Wege) kann dieser reduziert werden.

- Der Anteil produktspezifischer Komponenen an einem Ordnungsgerät ist mit nur ca. 10% des Gerätewertes besonders klein. Alle übrigen Geräteteile sind wiederverwendbar. Der Einsatz flexibler Zuführgeräte senkt also die Investionskosten für Montageanlagen.
- Durch die Vorkommissionierung der Bauteile in Magazine gelangen keine falschen oder fehlerhaften Teile mehr in die Montage, wodurch Beschädigung am Produkt vermieden und die Qualität verbessert werden kann.

Bei einem Investionsvergleich zwischen einer flexiblen und einer starren Teilebereitstellungslösung sollten die genannten Punkte berücksichtigt werden. Eine Bewertung und Berechnung zur Gegenüberstellung konventioneller und flexibler Lösungen erfolgt anhand eines Beispiels in Kapitel 7.2.2.

6.5 Möglichkeiten der Integration flexibler, autonomer Ordnungszentren in den Produktionsablauf

Bei starren, fest mit der Montageanlage verbundenen Zuführgeräten werden ungeordnete Bauteile als Schüttgut direkt an die Montageanlage geliefert. Die flexible Kommissionierung sieht dagegen die Magazinierung der Bauteile in zentralen Ordnungszellen und den Transport der Magazine in die Montage vor. Es entstehen also zwei Materialflußkreisläufe, jeweils zwischen Lager und Kommissionierzelle sowie zwischen Kommissionierzelle und Montage. Die Größe der Kreisläufe und die durch den Transport verursachten Kosten hängen von der Anordnung der Kommissionierung im Produktionsablauf ab.

Prinzipiell sind zwei verschiedene Orte für die Integration einer flexiblen Ordnungszelle in den Produktionsablauf denkbar:

- Anordnung der Kommissionierzelle im Wareneingang und
- produktionsnahe Anordnung der Kommissionierzelle in der Montage.

Beide Lösungen verwenden Magazine für den Transport und für das Puffern der geordneten Bauteile. In der Produktion werden aber über 75% der montierten Bauteile als Schüttgut angeliefert. An dieser Praxis wird sich in Anbetracht einer verschärften Gesetzgebung auch in Zukunft kaum etwas ändern[1]. Insbesondere bei der Überbrückung großer Entfernungen und langen Liegezeiten ist die Kapitalbindung durch die wiederverwendbaren Behälter ein Kostenproblem.

Zum einen sind diese Behälter, Magazine oder Werkstückträger je nach Taktzeit und Durchlaufzeit unterschiedlich lang im Materialfluß gebunden. Zum anderen kann sich das Transport- und Lagervolumen durch die Magazinierung der Bauteile gegenüber dem ungeordneten Zustand um ein mehrfaches erhöhen, was zu erhöhten Transportkosten führt. Auch die Genauigkeit der Magazine stellt einen Kostenfaktor dar. Je präziser die Positionierung des einzelnen Bauteils im Magazin oder die Positionierung des Magazins bei der Be- und Entladung, umso aufwendiger ist dessen Fertigung.

Die Magazinkosten pro Bauteil wachsen also mit der Masse, dem Volumen und mit der Präzision des Produktes. Die qualitative graphische Darstellung dieser Zusammenhänge verdeutlicht das Bild 6.20. Im Hinblick darauf bieten beide Lösungen zur Plazierung der Kommissionierung im Produktionsablauf, im Wareneingang oder produktionsnah, Vor- und Nachteile.

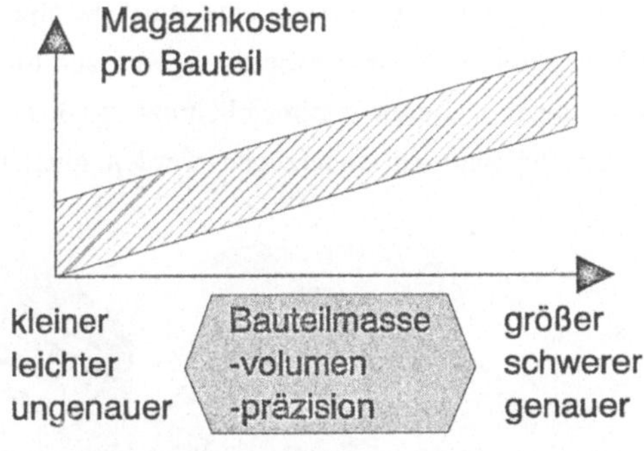

Bild 6.20: Magazinierkosten in Abhängigkeit der Parameter Bauteilgewicht, Bauteilvolumen und Bauteilpräzision

1 Seit 01.12.91 gilt in der Bundesrepublik Deutschland im Rahmen der neugefaßten Verpackungsverordnung vom 12.06.91 (BGB Teil 1, S. 1234) eine Rücknahmepflicht für Transportverpackungen zur Wiederverwendung oder stofflichen Verwertung außerhalb der öffentlichen Abfallentsorgung. [BAYR 92].

6.5.1 Flexible Kommissionierung im Wareneingang

Nachteilig an dem in Bild 6.21 dargestellten Konzept der Kommissionierung im Wareneingang sind vor allem die langen, durch Transportmittel und mit Hilfe von Magazinen zu überbrückenden Distanzen bis zum Verbraucher in der Produktion und das damit einhergehende große Umlaufvolumen an Bauteilen und Magazinen. Demgegenüber sind die Vorteile dieser Lösung:

- Zentrale, lagernahe Position mit direkten, kurzen Nachschubwegen,
- Möglichkeit zur gemeinsamen Kommissionierung ähnlicher Teile aus verschiedenen Produktionsbereichen, dadurch Möglichkeit zu bereichsübergreifenden Standardisierungs- und Flexibilisierungmaßnahmen,
- genaue und leichte Kontrolle des umlaufenden Teilebestandes, somit gute Grundlage zur Materialdisposition.

Darüberhinaus eignet sich eine durchgängige Teilebereitstellung vom Wareneingang bzw. ab der Fertigung bis zur Montage vorrangig für Bauteile, die keiner weiteren Nachbearbeitung, z. B. einem Waschvorgang oder einer Wärmebehandlung, unterzogen werden müssen, die den Ordnungsgrad der

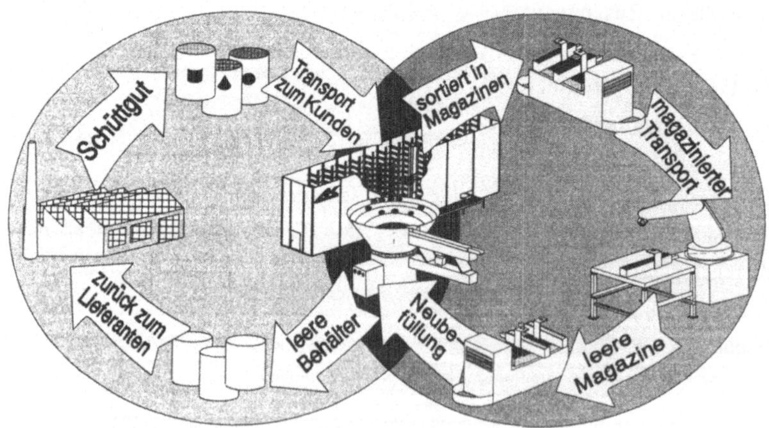

Bild 6.21: Transportkreislauf bei Positionierung der flexiblen Kommissionierung im Wareneingang

Teile reduzieren [ROCK 93]. Dies ist häufig für Basisbauteile der Fall, welche als Sockelbaugruppe für die Montage weiterer Ein- oder Anbauten dienen.

6.5.2 Flexible Kommissionierung in produktionsnaher Anordnung

Die zweite Möglichkeit flexible Ordnungszentren im Materialfluß sinnvoll zu integrieren, ist deren produktionsnahe Anordnung. In unmittelbarer Nähe einer Fertigungsinsel oder eines Montagesystems können so auch diejenigen Teile magaziniert werden, für die eine Kommissionierung ab Wareneingang aus technischen oder wirtschaftlichen Gesichtspunkten nicht lohnt. Die Vorteile dieser in Bild 6.22 dargestellten, prozeßnahen Lösung sind:

- Kosten- und raumsparender innerbetrieblicher Teiletransport als Schüttgut auf dem langen Weg vom Wareneingang bis zum Verbraucher,
- kurze Wege zwischen Kommissionierung und Produktionssystem, dadurch geringes Umlaufvolumen in wenigen Magazinen,
- Betreuung der Kommissionieranlage und ggf. Magazintransport durch nur zum Teil ausgelastetes Montagepersonal möglich.

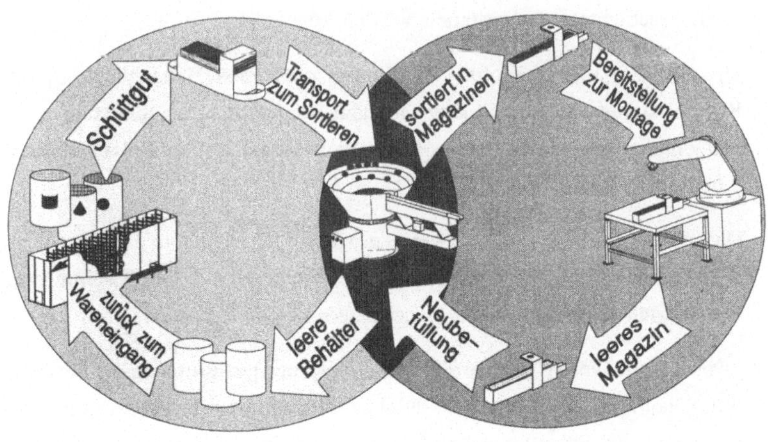

Bild 6.22: Transportkreislauf bei montagenaher Positionierung der flexiblen Kommissionierung im Produktionsumfeld

Insgesamt bietet die prozeßnahe Lösung deutliche Vorteile durch die Nutzung des jeweils günstigsten Ordnungszustandes, ungeordnet als Schüttgut über lange Distanzen, geordnet in Magazinen auf dem kurzen Weg zur Montage.

6.5.3 Standardisierung der Transporthilfsmittel

Beide vorher dargestellten Konzepte nutzen Behälter, Magazine oder Werkstückträger für die geordnete Teilebereitstellung, die einen erheblichen Kostenfaktor darstellen können. Das Preisspektrum reicht hier von Pfennigbeträgen, z. B. bei stranggepreßten Kunststoffmagazinen für elektronische Bauteile, bis zu mehreren Tausend DM pro Stück, z. B. bei Werkstücktransportpaletten im Werkzeugmaschinenbau. Um einen universellen Einsatz der Betriebsmittel zu erreichen und teure Sonderlösungen zu vermeiden, ist eine Standardisierung im Bereich der Transporthilfsmittel zwingend notwendig. Auch im Hinblick auf die Verkettung der Kommissionierung mit mehreren Montageanlagen und -zellen ist eine weitreichende Standardisierung der Transporthilfsmittel anzustreben. Grundsätzlich lassen sich folgende Regeln festhalten:

- Die Behältnisse für das Transportgut, z. B. Werkstückträger, Magazine oder sonstige Behälter, sollten ein minimales Transportvolumen aufweisen, z. B. geschichtet oder gestapelt werden können.
- Die Behältnisse sollten für den Einsatz und deren Handhabung in der Kommissionierung und in der Montage standardisierte Schnittstellen zu den eingesetzten Handhabungsgeräten sowie zu Be- und Entladeeinrichtungen aufweisen.
- Das Transportmittel sollte, wenn möglich, in gewissen Grenzen produktneutral ausgelegt werden, sodaß ähnliche Teile, z. B. im Durchmesser verschiedene Scheiben, darin transportiert werden können.

Der wesentliche Vorteil standardisierter Transporthilfsmittel liegt in der Vermeidung häufiger, meist manuell durchgeführter Umsetzvorgänge von Bauteilen von einem Behälter in den anderen. Die Standardisierung ermöglicht ferner die Teil- oder Vollautomatisierung unproduktiver und stupider Be- und Entladetätigkeiten in der Kommissionierung und in der Montage.

6.6 Verkettung der Kommissionierzelle mit einem flexiblen Montagesystem

Zur Erprobung der erarbeiteten Konzepte sowie zur Verifizierung der Ergebnisse wurde die Kommissionierzelle in modifizierter Form in ein bereits bestehendes Montagesystem für Kleingeräte integriert. Diese Integration entspricht der produktionsnahen Anordnung. Die Kommissionierzelle wurde zu diesem Zweck um ein vollautomatisch arbeitendes Lager erweitert, um den Anforderungen der erweiterten Arbeitsinhalte im Montagesystem gerecht zu werden. Bild 6.23 zeigt das so neu entstandene Layout des Montagesystems. Das Montagesystem besteht nun aus drei Montagezellen (Pos. 1), welche über ein flexibles Transportsystem miteinander verkettet sind (Pos. 2), und einer Kommissionierzelle (Pos. 3) mit angeschlossenem Lager (Pos. 4). Durch das flexible Transportsystem ist die Möglichkeit gegeben, die Kommissionieranlage an den bereits bestehenden Matrialfluß anzubinden.

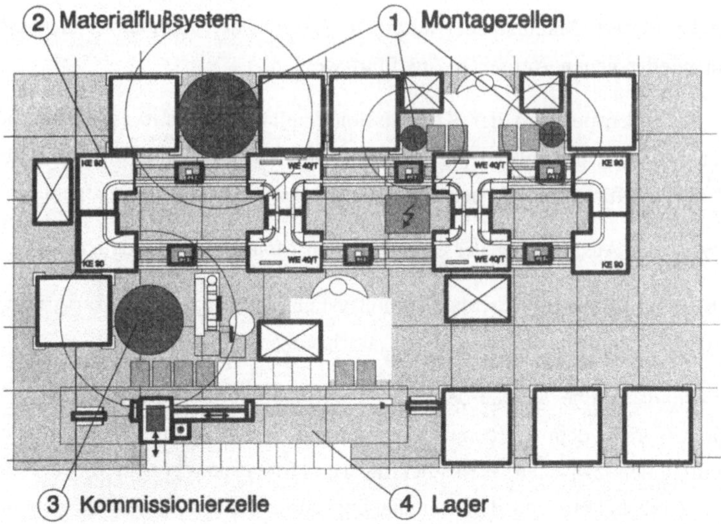

Bild 6.23: Flexible Kommissionierzelle (Pos. 3), integriert im Layout des flexiblen Kleingeräte-Montagesystems des iwb

6.6.1 Aufgabe und Aufbau der Kommissionierzelle im Montagesystem

Die Aufgabe der flexiblen Kommissionierzelle im Montagesystem ist es, Bauteile für die Kleingeräte teil- oder vollautomatisch zu magazinieren und diese den Montagezellen mit standardisierten Transporthilfsmitteln über das flexible Materialflußsystem zuzuführen. Die Versorgung der Kommissionierung mit Bauteilen erfolgt aus dem der Kommissionierzelle direkt angeschlossenen Lager mit automatischem Lagerbediengerät. Das Lager dient neben der Zwischenspeicherung der für die Montage benötigten Bauteile zur Bereithaltung produktspezifischer Montagewerkzeuge und Prüfkomponenten, die ebenfalls über den systeminternen Materialfluß den Montagezellen zugeführt werden können. Da nicht alle Teile im System automatisch magazinierbar sind und Überwachungs-, Kontroll- sowie Nachfülltätigkeiten anfallen, ist ein ebenfalls am Lager und am Materialflußsystem angeschlossener manueller Arbeitsbereich vorgesehen (vgl. Bild 6.23). Fertig montierte und geprüfte Bauteile werden, ebenso wie nicht mehr benötigte Montagewerkzeuge und leere Transporthilfsmittel, über das Materialflußsystem wieder zur Kommissionierzelle zurückbefördert. Manuell oder automatisch durch den Roboter können diese dann wieder neuen Aufgaben zugeführt werden.

Das Aufgabenspektrum der Kommissionieranlage ist damit gegenüber dem Versuchsaufbau gewachsen (vgl. Kap. 6.4). Neben der Bauteilmagazinierung und den hierfür erforderlichen Nebentätigkeiten sind folgende Aufgaben neu:

- Ein- und Auslagerung der erforderlichen Montagekomponenten,
- Be- und Entladung des Materialflußsystems mit Magazinen, Werkstückträgern, Montagekomponenten und -werkzeugen.

Der grundsätzliche Aufbau der flexiblen Kommissionierzelle im Montagesystem entspricht dem der bereits vorgestellten Versuchsanlage. Standardisierte Schnittstellen zwischen Werkstückträgern, Montagekomponenten, -werkzeugen, Teilebehältern und den Handhabungseinrichtungen sorgen für den individuellen Zugriff durch die Industrieroboter der jeweiligen Zelle und ermöglichen einen Einsatz derselben Komponenten an einem beliebigen Ort im Montagesystem.

Über mehrere Stellplätze kann der Kommissionierzellenroboter sowohl auf das Materialflußsystem als auch auf die vom Lager bereitgestellten Komponenten zugreifen (vgl. Bild 6.23, Pos. 3, Roboterarbeitsraum), um diese umzusetzen. Der Industrieroboter kann so auch zwischen den automatischen Rüstprozessen am Ordnungsgerät sinnvoll genutzt werden.

Wesentlicher neuer Bestandteil der Kommissionieranlage ist ein Hochregallager mit automatischem Lagerbediengerät. Anlaß für die Integration des Hochregallagers in der Kommissionierzelle war die Überlegung, daß dort neben der Bedienung der Kommissionierung mit Bauteilen, Magazinen und Werkstückträgern auch die produktspezifischen Montage-, Prüf- und Kommissionierwerkzeuge sowie Magazine und Werkstückträger für das gesamte flexible Montagesystem bereitgehalten werden können. Auf diese Weise können die im augenblicklich ablaufenden Montageprozeß nicht benötigten Komponenten montagenah gelagert werden und schränken den zur Verfügung stehenden Arbeitsraum in den Montagezellen nicht ein. Auch die produktspezifischen Komponenten der Kommissionierzelle, z. B. Ordnungsschikanen und Magazine, werden in dem Lager bereitgehalten, bis sie für einen Kommissionierauftrag benötigt werden. Die standardisierten Abmessungen der in der Montage und Kommissionierung eingesetzten Komponenten ermöglichen deren Lagerung in den normierten Regalfächern des Lagers.

Darüberhinaus entlastet das Lagerbediengerät den Kommissionierzellenroboter der für Rüstvorgänge innerhalb der Kommissionierzelle benötigt wird. Eine längerfristige Bindung des Gerätes zur Lagerbedienung würde zu nicht mehr akzeptablen Warte- und damit längeren Rüstzeiten führen. Kurze Rüstzeiten sind aber eine elementare Voraussetzung für das Konzept der flexiblen Kommissionierung, um den Zeitvorteil der Ordnungsgeräteausbringung gegenüber dem langsameren Montagetakt für Magazinierung und Transport der Bauteile nutzen zu können (vgl. Kap. 6.4.2.1).

Die montagenahe Anordnung des Lagers gewährleistet den schnellen Zugriff auf benötigte Systembausteine und somit minutenschnelle Reaktion auf Änderungen in den Produktionsrandbedingungen des Gesamtsystems. So dauert z. B. der Transfer eines beliebigen Montagewerkzeuges aus dem Lager zu seinem beliebigen Bestimmungsort in der Regel weniger als fünf Minuten. Bild 6.24 zeigt das Lagerbediengerät bei der Bereitstellung von Ordnungsschikanen für einen Magazinierauftrag in der Kommissionierzelle.

Bild 6.24: Lagerbediengerät bei der Bereitstellung eines Werkzeugträgers mit produktspezifischen Ordnungsschikanen

6.6.2 Leistung der flexiblen Kommissionieranlage im Montagesystem

Die Kommissionierzelle ist in der Lage, zehn verschiedene Bauteile zu magazinieren, je fünf davon auf dem Schrägbandlinearförderer und auf dem Vibrationswendelförderer. Der Austausch der produktspezifischen Komponenten vollzieht sich vollautomatisch beim Schrägbandlinearförderer und manuell beim Vibrationswendelförderer. Die Umrüstung von einem Bauteil auf ein anderes Bauteil beträgt bei beiden Geräten inclusive Entleerung und Neubefüllung der Bunker weniger als drei Minuten.

Darüberhinaus ist es im Zusammenhang mit einem manuellen Arbeitsplatz möglich, alle für einen Montageprozeß benötigten Komponenten und Bauteile für ein Montagelos auftragsbezogen zusammenzustellen. Über das flexible Materialflußsystem können diese bei Bedarf den einzelnen Zellen des Systems zugeführt werden. Ebenso können für den Ablauf nicht mehr erforderliche Komponenten wieder aus dem System entfernt und erneut eingelagert werden.

Die Bereitstellung einer Komponente aus dem Lagerregal an einen beliebigen Ort des Montagesystems dauert je nach der Entfernung, die bis zum Bereitstellungsort zu überbrücken ist, zwischen 30 Sekunden (Kommissionierzelle, Bild 6.23, Pos. 3) und drei Minuten (Montagezelle, Bild 6.23, Pos. 1).

6.7 Zusammenfassung

Ein wesentlicher Grund für das Flexibilitätsdefizit von Zuführgeräten ist die mangelnde Modularisierung und Standardisierung ihrer Komponenten. Das Ziel des vorangegangenen Kapitels war daher die Entwicklung von Ansätzen für eine umfassende Optimierung der automatischen Teilebereitstellung durch Flexibilisierung ihrer Funktionsträger.

Ausgehend von vorher definierten produktspezifischen und produktneutralen Strukturen in Ordnungsprozeßfunktionen wurden für den Einsatz und die Konzeption flexibler Zuführgeräte zunächst die einzelnen Komponenten von Ordnungsgeräten in Bezug auf ihre Anpassungsfähigkeit an das Produktbauteil untersucht. Das Ergebnis der Untersuchung zeigt, daß es entgegen der bisher ausgeübten Praxis möglich ist, die Basiskomponenten von Ordnungsgeräten produktneutral auszulegen und produktspezifische Komponenten flexibel austauschbar zu gestalten. Abgeleitet aus dieser Erkenntnis werden Maßnahmen zur Standardisierung und Flexibilisierung von Zuführgeräten entwickelt. Die wesentlichen Gesichtspunkte zur flexiblen Geräteauslegung sind:

- Standardisierter, modularer, produktneutraler Grundaufbau,
- austauschbare, produktspezifische und einfach gestaltete Ordnungskomponenten,
- standardisierte Schnittstellen zwischen den Austauschpartnern.

Der Anteil produktspezifischer Komponenten am Gesamtgerät kann bei den beschriebenen Zuführgeräten, einem Schrägbandlinearförderer und einem Vibrationswendelförderer auf ca. 10% des Gerätewertes beschränkt werden.

Als weiterführender Ansatz zur Verbesserung der automatischen Teilebereitstellung ermöglicht die flexible Auslegung von Ordnungs- und Zuführgeräten die Konzeption und den Einsatz flexibler, autonom arbeitender Kommissionierzellen. Zentral im Wareneingang oder montagenah angeordnet können diese zur auftragsbezogenen Magazinierung von Kleinteilen eingesetzt werden. Neben der flexiblen Magazinierung bietet dieses Konzept weitere produktionstechnische Vorteile:

- Die Verfügbarkeit von Montageanlagen kann durch die Störungsentkopplung im zweistelligen Prozentbereich verbessert werden,
- Der Investitionsbedarf für die Teilebereitstellung kann durch konsequente Ausnutzung der Geräte in der Kommissionierzelle sowie durch Reduzierung von Raumbedarf, Steuerungsaufwand und Komplexität der Montageanlagen verringert werden.

Die technische Machbarkeit dieses Konzeptes wurde anhand einer Versuchsanlage nachgewiesen.

Schließlich werden die Vor- und Nachteile unterschiedlicher Integrationsansätze für flexible, autonome Ordnungszentren im Produktionsablauf dargestellt. Die Durchführbarkeit einer dieser Möglichkeiten, die Integration einer flexiblen Kommissionierzelle mit automatischem Kleinteilelager in ein Montagesystem, wird anhand der Erweiterung einer am iwb bereits vorhandenen Montageanlage für Kleingeräte um diese Komponenten dokumentiert.

Die Ergebnisse dieses Kapitels beweisen, daß das Konzept der flexiblen, auftragsbezogenen Magazinierung von Kleinteilen in zentralen, von der Montage entkoppelten Kommissionierzellen technisch durchführbar und kann von großem Vorteil gegenüber der konventionell betriebenen Teilebereitstellung sein. Insbesondere eignet sich dieser Ansatz für die auftragsbezogene, losweise Montage bei kleinen bis mittleren Lösgrößen.

7 Wirtschaftlichkeitsnachweis für die flexibel automatisierte Teilebereitstellung

7.1 Zielsetzung

Die Wirtschaftlichkeit von Montageanlagen und ein frühzeitiger Kapitalrückfluß nach Rationalisierungsinvestitionen gewinnt durch den stetig wachsenden Wettbewerb immer mehr an Bedeutung. Noch in den achtziger Jahren war ein Amortisationszeitraum von fünf Jahren akzeptabel. Heute dagegen erscheint bereits eine Amortisation nach zwei Jahren aufgrund von nur unwesentlich längerer Produktlebensdauer manchmal in Frage gestellt. Es ist daher wichtig, bei der Auslegung und Planung von Montageanlagen Werkzeuge und Methoden zur Verfügung zu stellen, die eine zuverlässige Einschätzung der Wirtschaftlichkeit einer Neu- oder Ersatzinvestition ermöglichen.

Für die Führung eines wirtschaftlichen Nachweises sowie für die Planung und Auslegung von Produktionssystemen existieren bereits zahlreiche Ansätze [WARN 80, EVER 81, SELI 83, WILD 86, LOTT 92b, SCHM 92a]. Die Berechnung von Gesamtsystemen ist aber aufgrund der vorherrschenden Systemkomplexität sehr aufwendig. Für eine detaillierte Berechnung ist die Kenntnis aller Daten und Einflußparameter für die auszulegende Anlage nötig.

Die Verfügbarkeit der eingesetzten Betriebsmittel geht bei diesen Berechnungen zwar beim Vergleich von Alternativen in das Gesamtergebnis ein, berücksichtigt aber zum einen nur deren verbleibende Nutzungsdauer nach Abzug des Verfügbarkeitsverlustes der Gesamtlösung. Eine Aufschlüsselung nach Einzelverfügbarkeiten und deren Verhältnis zur Gesamtverfügbarkeit ist nicht möglich. Zum anderen wird ebenfalls nicht berücksichtigt, wie sich der Produktivitätsverlust auf die Verteuerung des Erzeugnisses selbst auswirkt.

Gerade die Verfügbarkeit der eingesetzten Zuführtechnik spielt aber, wie anhand von Analysen nachgewiesen werden konnte (vgl. Kap. 4), eine zentrale Rolle. Im Zusammenhang mit der Flexibilisierung der Geräte, der damit verbundenen Möglichkeit zur Gerätereduzierung, durch bessere Geräteausnutzung, und zur flexiblen Magazinierung (vgl. Kap. 6) ist in der automatischen Teilebereitstellung ein großes Potential zur Senkung der fixen und variablen Kosten und durch die Verfügbarkeitssteigerung bei magazinierter Zuführung eine dementsprechende Produktivitätssteigerung zu erwarten. Eine globale Betrachtungsweise von Gesamtlösungen macht die Quantifizierung der Teilebereitstellungskosten unmöglich, und Einsparungspotentiale durch alternative Zuführtechnik bleiben ungenutzt.

Ziel dieses Kapitels ist es daher, den Einsatz der Betriebsmittel für die Teilebereitstellung an einem Beispiel zu quantifizieren und Kennfelder zum Vergleich der Wirtschaftlichkeit unterschiedlicher Konzepte abzuleiten.

7.2 Definition der Berechnungsgrundlage

Automatische Montageanlagen stellen ein System aus einer Vielzahl von Komponenten wie Handhabungstechnik, Fördertechnik, Steuerungen, Zuführtechnik und personeller Betreuung dar (Bild 7.1). Zur wirtschaftlichen Bewertung von einzelnen Komponenten, wie z. B. Zuführgeräten, ist es notwendig, diese aus der Gesamtbetrachtung des Montagesystems herauszulösen [EVER 81]. Unter der Berücksichtigung, daß die Systemkomponenten einen gegenseitigen Einfluß ausüben, wird somit eine wirtschaftliche Betrachtung transparenter und ermöglicht den Vergleich alternativer Techniken.

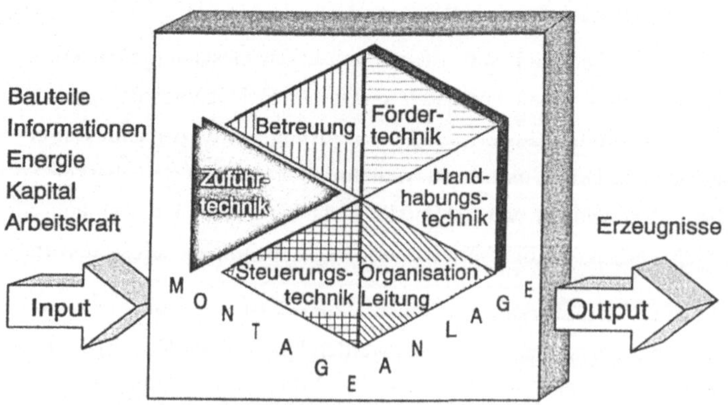

Bild 7.1: Komponenten einer Montageanlage

Um einen aussagekräftigen Vergleichsmaßstab für unterschiedliche Zuführungstechnikvarianten zu erhalten, werden die bei der Teilebereitstellung entstehenden Kosten wie bei Produktionsanlagen in Stundensätze und Stückkosten umgesetzt. Dabei wird davon ausgegangen, daß ein Bauteil im Rahmen der Montage durch den Einsatz von Betriebsmitteln und Personal eine Wertsteigerung erfährt [KERN 92]. Auch der Zuführvorgang ist mit einer Wertsteigerung verbunden, da Betriebsmittel- und Personalkosten für die Überführung von einem Bauteil aus einem ungeordneten in einen geordneten Zustand entstehen (Bild 7.2). Wird das Bauteil danach wieder in den ungeordneten Zustand überführt, geht der durch die Arbeitsleistung erbrachte Wert verloren.

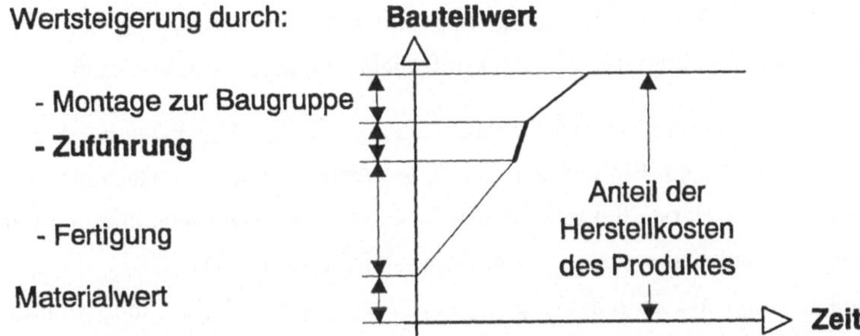

Bild 7.2: Wertsteigerung eines Bauteiles im Produktionsverlauf (qualitativ)

Die Wertsteigerung durch die Zuführung ist bei verschiedenen Zuführtechnikvarianten identisch. Der bewertete Einsatz von Produktionsmitteln für die Erstellung dieser Leistung ist allerdings unterschiedlich [WÖHE 84], d. h. die dafür aufzuwendenden Kosten differieren.

Fixe und variable Kosten der Zuführung beeinflussen also letztlich den Ertrag aus dem Verkauf eines Produktes. Der Ertrag eines Produktes ist aber pauschal dem Gesamtsystem der Leistungserstellung (Montageanlage) zuzurechnen und kann kaum in Teilerträge der leistungserstellenden Komponenten zerlegt werden (Bild 7.3). Somit werden bei der Betrachtung einzelner Anlagenkomponenten Methoden der Wirtschaftlichkeitsrechnung, die sich wie die statische Gewinnvergleichs- oder die dynamische Kapitalwertmethode auf direkte Erträge beziehen, ausgeschlossen. Weiterhin ist kein zeitlich unterschiedlich

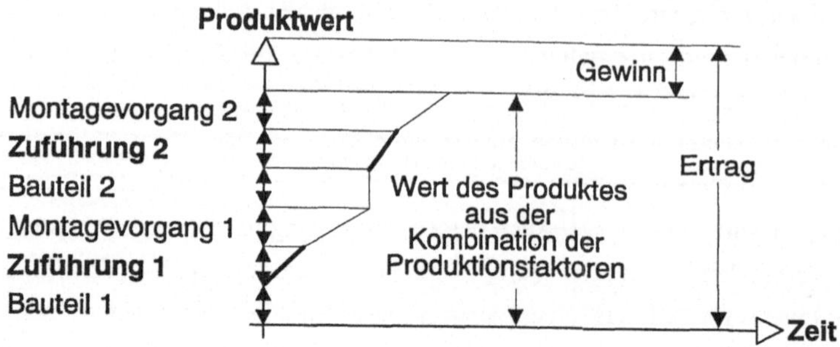

Bild 7.3: Wertsteigerung eines Produktes in der Montageverlauf (qualitativ)

verteilter Rückfluß quantifizierbar, weshalb z. B. die Berechnung der Amortisationszeit mit kumuliertem Rückfluß nicht eingesetzt werden kann.

Im Falle der automatischen Teilebereitstellung kann die Teilsystembetrachtung einen nachhaltigen Einfluß auf die Kostenentwicklung des Gesamtsystems sowie auf die Herstellkosten für das Produkt haben. Die hier durchgeführte Wirtschaftlichkeitsberechnung von Teilsystemen sollte daher dann eingesetzt werden, wenn die Entscheidung *für eine Investition* in Form einer Montageanlage schon gefallen ist [WARN 80]. Sie kann die ganzheitliche Betrachtung des Investitionsrisikos nicht ersetzen, kann aber zu Fragen der Ausgestaltung des Sytems Montageanlage mittels Komponentenbetrachtung eine wichtige *Entscheidungshilfe* sein.

7.2.1 Struktur der Teilebereitstellungskosten

Um die kostenmäßigen Auswirkungen verschiedener Teilsysteme der Montage zu analysieren, werden den einzelnen Komponenten Kostensätze zugewiesen. Je mehr Kosten als Einzelkosten erfaßt werden können, desto genauer und transparenter ist die Kostenrechnung [WILD 86].

Der zur Installation und Nutzung der Komponente Zuführtechnik im Systemzusammenhang erforderliche Kapitaleinsatz gliedert sich in zwei Bereiche (Bild 7.4): Um überhaupt Bauteile automatisch zuführen zu können, müssen einmalige Aufwendungen für die benötigten Betriebsmittel, für Planungsvor-

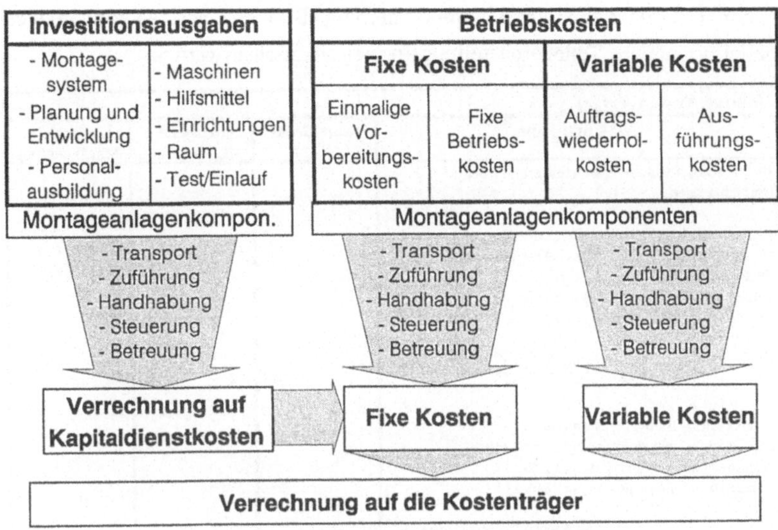

Bild 7.4: Kostenstruktur in der Montage nach [Ever 81]

gänge und Vorbereitungen getätigt werden. In Form von Abschreibungen und kalkulatorischen Zinsen ergeben diese Investitionen die sogenannten Kapitaldienstkosten [EVER 81]. Der zweite Bereich umfaßt die, aus einem fixen sowie einem variablen Anteil zusammengesetzten, laufenden Betriebskosten. Die fixen Betriebskosten sind z.B. Instandhaltungs- oder Raumkosten, die variablen Kosten z. B. Personalkosten zum Magazinieren oder Energiekosten.

7.2.2 Entwicklung eines Berechnungsformblattes zur Wirtschaftlichkeitsvergleichsrechnung von Teilebereitstellungskonzepten

Um dem Planer ein Werkzeug in die Hand zu geben, wurde in Anlehnung an bestehende Richtlinien [VDI 2802, 3221, 3258] ein Formblatt zur Wirtschaftlichkeitsrechnung von Teilebereitstellungseinrichtungen für automatische Montageanlagen entwickelt. Das Berechnungsformblatt ermöglicht bereits in der Planungsphase den Vergleich von drei verschiedenen Alternativen der Bauteilbereitstellung. Im vorliegenden Beispiel sind dies die konventionelle Schüttgutsortierung durch starre Zuführgeräte gegenüber manueller Magazinierung oder flexibler Kommissionierung (Bild 7.5), aber es können auch beliebige andere Teilebereitstellungsformen verglichen werden.

10. Fixe Kosten K_{FixZJ}			
DM pro Jahr	Starre Geräte	Manuelle Magazinierung	Automatische Magazinierung
10.1 Kalkulatorische Abschreibung K_A der Einrichtungen: 10.1a **Produktspezifische Elemente** mit Abschreibungszeit *m* aus (1.4) = *6 Jahre* Restwert aus (2.2) = *0* Preissteigerung *Ps* aus (2.4) = *3,7 %* Anschaffungswert *AWa* aus (4.12a) $K_{Aa} = \frac{(1+0,037)^6 \cdot (AWa\ 4.12a)}{6} =$	47 048	8 290	11 192
10.1b **Produktneutrale Elemente** mit Abschreibungszeit n aus (1.5) = *9 Jahre* Preissteigerung *Ps* aus (2.4) = *3,7 %* Anschaffungswert *AWb* aus (4.12b) $K_{Ab} = \frac{(1+0,037)^9 \cdot (AWb\ 4.12b)}{9} =$	0	1 217	7 889
10.3 Kalkulatorische Zinsen K_Z der Einrichtungen 10.3a **Produktspezifische Elemente** mit Abschreibungszeit m aus (1.4) = *6 Jahre*			

Bild 7.5: Ausschnitt aus dem Berechnungsformblatt

Zu diesem Zweck wird zunächst der Kapitalbedarf und der Personaleinsatz der jeweiligen Zuführtechnik ermittelt sowie aus den Einzelverfügbarkeiten aller Montagekomponenten eine resultierende Verfügbarkeit der Montageanlage bestimmt. Durch eine Verrechnung der Kostenanteile mit der Verfügbarkeit erfolgt dann eine Kostenträger-Stückrechnung. Somit wird ein direkter Kostenvergleich der Teilebereitstellungsvarianten möglich. Die Ergebnisse der Berechnungen, z. B. Bruttoausbringung, Nutzungsgrad und Zuführstückkosten, werden schließlich in anwendungsspezifischen Kennfeldern dargestellt.

Das Rechnungsschema beinhaltet nur quantifizierbare Faktoren und orientiert sich an Vorschlägen der gängigen Literatur zur Wirtschaftlichkeitsberechnung [LOTT 92b, WÖHE 84, HEIN 83, HOES 78]. Die in den Berechnungen gebrauchte Nomenklatur orientiert sich an den in [VDI 2802/3221/3258] definierten Einheiten.

7.2.3 Berechnung der Wirtschaftlichkeit von Teilebereitstellungseinrichtungen am Beispiel einer Rutschkupplungs-Montageanlage

In der betrachteten automatischen Montagelinie (vgl. Bild 4.11) werden Rutschkupplungen für Schlagbohrmaschinen montiert. An der Montageanlage sind 5 verschiedene scheibenförmige Bauteile und ein pilzförmiges Teil bei einem Montagetakt von 13 Sekunden für 720.000 Erzeugnisse (= P_B pro Jahr) zuzuführen. Für die Zuführtechnik ergeben sich drei mögliche Varianten:

Variante I (Bild 7.6):

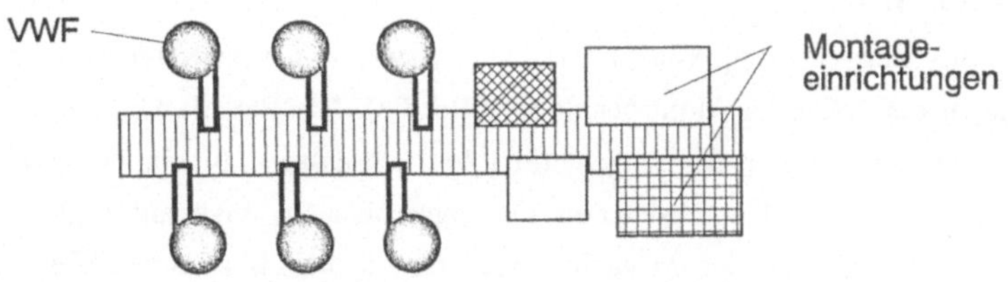

Bild 7.6: Variante I mit sechs Vibrationswendelförderern an der Anlage

Schüttgutbereitstellung aller Bauteiletypen mit 6 Vibrationswendelförderern, entsprechenden Ordnungsstrecken und Vereinzelungen direkt an der Montageanlage angekoppelt.

Variante II:
Manuelle Magazinierung von fünf Bauteiletypen an einem von der Montageanlage entkoppelten, zentralen Magazinierplatz und Pufferung der Magazine in Magazinspeichern. Direkte Zuführung des pilzförmigen Buchsenbauteils mit Wendelförderer[1], entsprechender Ordnungsstrecke und Vereinzelung direkt an der Montageanlage (Bild 7.7).

1 Aufgrund geometrischer Randbedingungen ist die Magazinierung des pilzförmigen Bauteils nicht sinnvoll, da eine wirtschaftliche Magazingröße unhandlich werden würde. Darüberhinaus sind Pilzteile mit einfachen Schikanenelementen gut automatisch zu ordnen und auch über einen Vibrationswendelförderer unproblematisch zuzuführen.

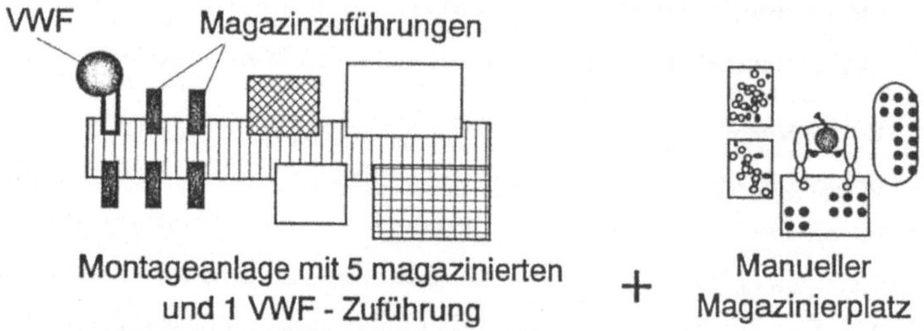

Bild 7.7: Variante II mit manueller Magazinierung

Variante III:
Flexible Magazinierung von fünf Bauteiletypen in einer zentralen Ordnungszelle in der Nähe der Montageanlage (Bild 7.8). Die flexible Ordnungszelle ist nach dem Muster der vorgestellten Versuchsanlage mit einem flexiblen Wendelförderer und wechselbaren Ordungsschikanen aufgebaut (vgl. Kap. 6.4). Zur Pufferung der Magazine wiederum dienen Magazinspeicher. Die Zuführung des Buchsenbauteils erfolgt ebenso wie bei Variante II mit einem weiterem Wendelförderer direkt an der Montageanlage.

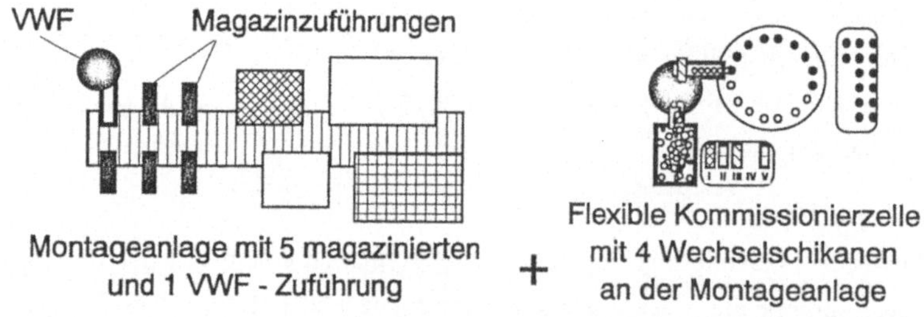

Bild 7.8: Variante III mit Magazinierung in flexibler Kommissionierzelle

7.2.3.1 Eingangsparameter und Berechnungsergebnis

Magazinbefüllungs- und -wechselzeiten, Personal- und Kapitaleinsatzabschätzungen sowie Materialflußbedingungen der geplanten Montageanlage wurden innerhalb einer Untersuchung vor Ort berechnet bzw. abgeschätzt und durch

Versuche und Zeitaufnahmen während der eingangs durchgeführten Analyse untermauert (vgl. Kap. 4). Weitere Daten wurden aus Firmenangeboten [SIM 92 u. a.] und statistischen Veröffentlichungen [STAT 93] entnommen.

Die geplante Nettoproduktion der betrachteten Montageanlage von 720.000 Rutschkupplungen im Jahr soll im zweischichtigen Betrieb erreicht werden.

Benennung	**konventionelle Lösung**	**manuelle Magazinierung**	**flexible Magazinierung**
Bestandteile der Teilebereitstellung	6 VWF	1 VWF starr, 200 Magazine	1 VWF starr, 1 VWF flexibel, 200 Magazine
Kapitalbedarf (DM), davon produktneutral	227.000,-- 0	47.900,-- 7.900,--	105.200,-- 51.200,--
Personalbedarf (Personen/Schicht)	0,5	0,71	0,27
Verfügbarkeits-verlust (%)	17	3,5	3,5

Tabelle 7.1:Berechnungsgrunddaten der drei Teilebereitstellungsalternativen

Für produktspezifische Komponenten sind Abschreibungszeiten von sechs, für produktneutrale Komponenten von neun Jahren zugrundegelegt worden (Betreiberangaben. Die Lohnkosten für einen Anlagenbediener belaufen sich incl. der anteiligen Sozialgemeinkosten auf DM 71.000,-- im Jahr. Die Investitionsdaten der Teilebereitstellungseinrichtungen sind der Tabelle 7.1 zu entnehmen.

Nach Rechnung unter Berücksichtigung der Anschaffungskosten, des Personaleinsatzes, des Energie und Raumbedarfes, des Aufwandes für Logistik und Materialfluß sowie sonstiger quantifizierbarer Kosten ergibt sich für die drei Zuführtechnikalternativen die in Tabelle 7.2 gezeigte Kostenstruktur).•

Bei der Ersparnis und der Amortisationszeit beziehen sich die Angaben jeweils auf die teuerste Variante der drei Alternativen. Die Zuführkosten pro Bauteil sind als die Wertschöpfung durch den Zuführprozeß zu interpretieren.

Benennung	konventionelle Lösung	manuelle Magazinierung	flexible Magazinierung
Bestandteile der Teilebereitstellung	6 VWF	1 VWF starr, 200 Magazine	1 VWF starr, 1 VWF flexibel, 200 Magazine
Fixe Kosten (DM/Jahr)	81.884,--	17.963,--	36.411,--
Variable Kosten (DM/Jahr, pro 1.000 Bauteile)	18,85	25,12	8,68
Zuführkosten pro Bauteil (DM)	0,0384	0,0288	0,0162
Ersparnis pro Jahr (DM)	keine, da teuerste Vergleichslösung	46.759,--	108.234,--
Amortisationszeit (Jahre)	keine, da teuerste Vergleichslösung	1,078	1,083

Tabelle 7.2:Ergebnisvergleich der drei Teilebereitstellungsalternativen

Die in Tabelle 7.1 dargestellten Unterschiede der Anschaffungskosten sind im Zusammenhang mit der betrachteten Anlage zu interpretieren. So sind die Bauteile geometrisch ähnlich und in standardisierten, einfachen Magazinen zu puffern, die mit 15 DM pro Stück nur einen geringen Kapitaleinsatz erfordern. Ferner ist weder der manuelle Arbeitsplatz zum Magazinieren noch die flexible Magaziniereinrichtung bei der geforderten Ausbringung ausgelastet, sodaß noch Kapazitäten zur magazinierten Bauteilebereitstellung für weitere Anlagen frei sind. In diesem Fall würden die in Tabelle 7.2 gezeigten Kosten dieser Lösungen noch weiter sinken.

7.2.3.2 Kennfeld der Nutzungszeit der Montageanlage

Nutzungszeiten von Montageanlagen resultieren aus dem Produkt der geplanten jährlichen Ausbringung und dem Montagetakt und orientieren sich an Schicht- und Jahresarbeitszeiten. Um trotz Verfügbarkeitsverlust die geplante Ausbringung zu erhalten, muß die Montageanlage entsprechend länger betrieben werden. Die nötige Nutzungszeit erhöht sich durch Verfügbarkeitsverlust.

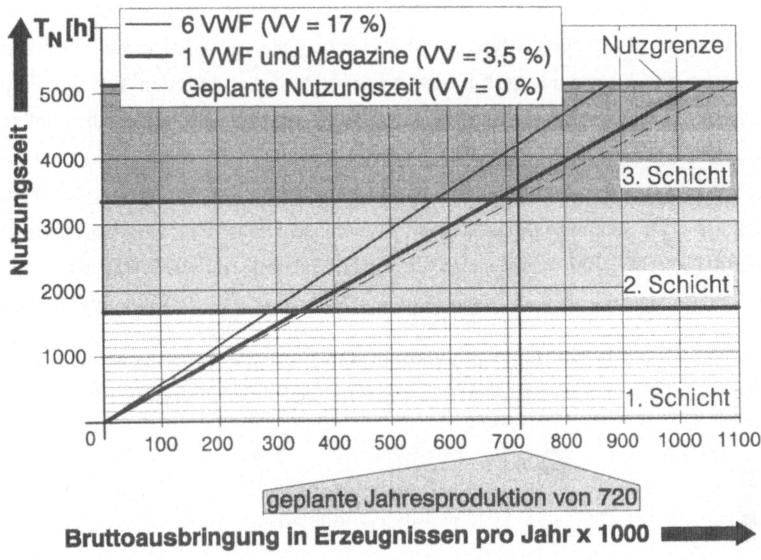

Bild 7.9: Kennfeld der Nutzungszeiten bei Verfügbarkeitsverlust

Im Fall der Bauteilezuführung mit 6 VWF wären im vorliegenden Beispiel 90 (!) zusätzliche Schichten von je 7,75 h Arbeitszeit erforderlich, während bei magazinierter Zuführung die geplante Ausbringung mit 16 zusätzlichen Schichten erreicht werden kann. Da die geplante Nutzungszeit von 3410 Stunden dem Zweischichtbetrieb an 220 Tagen entspricht, kann die Ausbringung allerdings nur über teure dritte Schichten montiert werden (Bild 7.9).

Grundsätzlich muß aber davon ausgegangen werden, daß keine zusätzliche Zeit aufgewendet werden kann und die Zuführungskosten von der nach dem Verfügbarkeitsverlust verbliebenen Produktivität getragen werden müssen.

7.2.3.3 Kennfeld der Rentabilität der Teilebereitstellung

Die Kosten für die Teilezuführung sind in hohem Maß von der Ausbringung der Montageanlage bzw. der Anzahl zugeführter Bauteile abhängig. Der fixe Kostenanteil muß unabhängig von der Anlagenleistung getragen werden, während die variablen Kosten mit der Ausbringung steigen.

In der beispielhaften Rutschkupplungs-Montageanlage zeichnet sich die konventionelle Bauteilbereitstellung durch sehr hohe Fixkosten aus. Der aus Störungsbehebung und -verhinderung sowie der damit erzielten Verfügbarkeit resultierende Personaleinsatz fällt geringfügig niedriger als bei der manuellen Magazinierung aus, welche sehr niedrige Fixkosten, aber am stärksten steigende variable Kosten durch den damit verbundenen Personaleinsatz aufweist. Während die manuelle Magazinierung für bis zu 165.000 Erzeugnisse rentabel bleibt (= 1.120.000 magazinierte Bauteile), ist eine starre Zuführung direkt an der Anlage bis weit über die geplante Jahresproduktion hinaus unrentabel.

Für das Feld bis zur Jahresproduktionsgrenze ist die Teilemagazinierung in einer flexiblen Kommissionierzelle die wirtschaftlichste Variante (Bild 7.10).

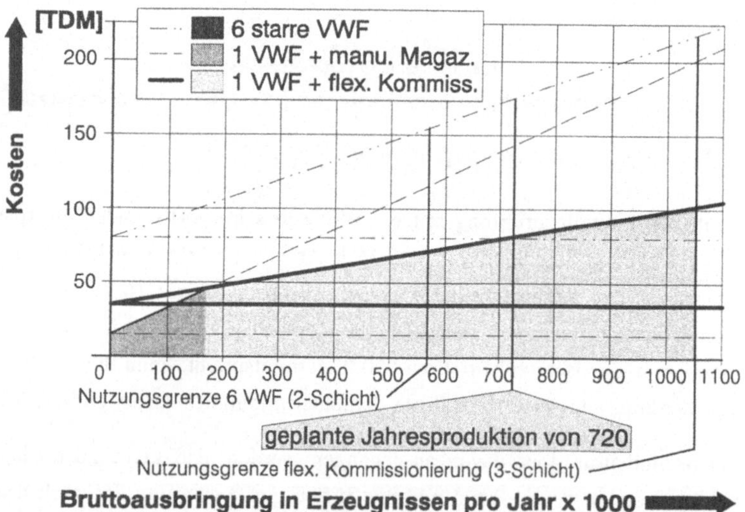

Bild 7.10: Kennfeld der Rentabilität der Teilebereitstellungsvarianten

7.2.3.4 Kennfeld der Bereitstellungskosten pro Erzeugnis

Die Kostenentwicklung durch die Teilebereitstellung an der Montageanlage unterliegt marktwirtschaftlichen Gesetzmäßigkeiten. Mit steigender Ausbringung an Erzeugnissen der Montageanlage bzw. steigender Anzahl zugeführter

Bauteile sinken die anteiligen Fixkosten, während der variable Kostenanteil pro Bauteil nahezu konstant bleibt. Die Bereitstellungskosten streben bei einer beliebig großen Ausbringung jeweils dem Grenzwert der variablen Kosten zu.

Der Preis eines montierten Erzeugnisses beinhaltet die Kosten vom Ausgangsmaterial über die Bauteilfertigung bis hin zur Montage und Versand zuzüglich Gewinn. Das Kennfeld in Bild 7.11 ermöglicht es, die auf das Produkt umzulegenden Kosten der Teilebereitstellung zu bestimmen und somit bei der Preisgestaltung mitzuwirken. Die Division der Kosten pro Erzeugnis durch die Teileanzahl ergibt die Bereitstellungskosten pro Bauteil. Diese entspricht der durch den Ordnungs- und Zuführprozeß erfahrenen Wertsteigerung bei einmaliger Zuführung bis in die Montageposition. Bemerkenswert ist in diesem Zusammenhang, daß ein Bauteil im Wert von 4 Pfennig (Produktions- und Materialkosten) durch die Zuführung eine Wertsteigerung um ebenfalls vier Pfennig erfährt, was einer Wertverdoppelung entspricht und die Bedeutung der Teilebereitstellung unterstreicht.

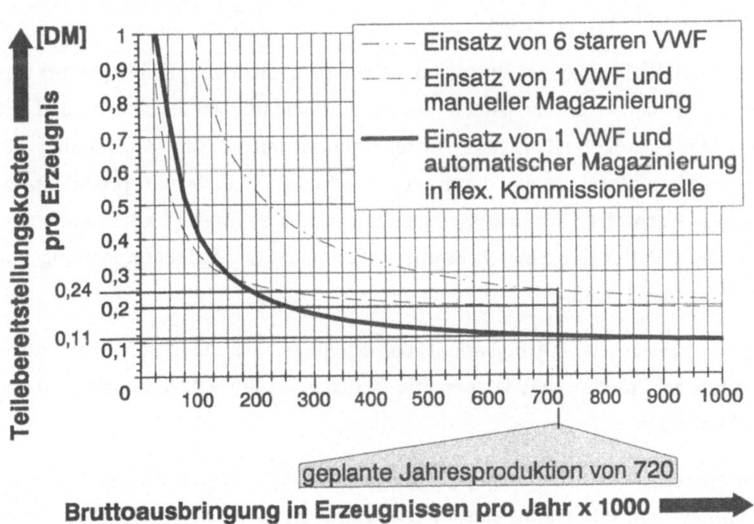

Bild 7.11: Kennfeld der Teilebereitstellungskosten pro Erzeugnis

7.3 Zusammenfassung der wirtschaftlichen Bewertung

Die magazinierte Bauteilebereitstellung mit Hilfe einer von der Montage entkoppelten Kommissionierzelle hat in dem Beispiel der Rutschkupplungsmontage trotz zusätzlichem logistischen Aufwand deutliche Kostenvorteile gegenüber konventionellen Lösungen gezeigt. Die direkte Teilezuführung mit starren Vibrationswendelförderern kann selbst gegenüber einer völlig manuellen Magazinierung nicht bestehen. Durch die manuelle Magazinierung entstehen nur 75 % der Kosten der Vibrationswendelfördererlösung, die flexible Magazinierung mit der Kommissionierzelle benötigt sogar nur 42 % des Werts.

Der Grund hierfür liegt vor allem an dem vergleichweise hohen, durch Störungen in der Teilebereitstellung bedingten, Verfügbarkeitsverlust der automatischen Montageanlage bei direkter Zuführung aus dem Vibrationswendelförderer. Dies spiegelt sich auch in den vergleichsweise hohen variablen Kosten wider, die hauptsächlich aus dem Personalbedarf zur Störungsbehebung und -vorsorge resultieren und zusätzlich zu dem hohen Kapitaleinsatz für diese Lösung aufzuwenden sind.

Die flexible Lösung zeichnet sich neben dem niedrigen Kapitalbedarf vor allem durch den großen Anteil wiederverwendbarer Komponenten und die niedrige Personalbindung aus. Darüberhinaus werden die Kapazitäten der eingesetzten Zuführgeräte durch den dauernden Betrieb mit produktspezifischen Wechselschikanen besser genutzt. Auf diese Weise werden auch ausreichende Puffer und eine wirksame Entkopplung der Teilebereitstellung von der Montage erzielt.

Durch gewachsene Verfügbarkeit der Montage und die damit verbundene gesteigerte Produktivität können die Teilebereitstellungskosten wirksam gesenkt werden.

Die wirtschaftliche Betrachtung der Zuführtechnik, losgelöst vom Montagegesamtsystem, ermöglicht eine differenzierte Bewertung verschiedener Teilebereitstellungskonzepte und schafft neue Kostensenkungspotentiale in der Montage. Der Aufwand für die durchgeführte Stückkostenrechnung erscheint in Anbetracht der damit erzielten Einsparungen angemessen.

8 Zusammenfassung und Ausblick

Die vorliegende Arbeit hat sich zum Ziel gesetzt, neue Ansätze für die Flexibilisierung der automatischen Teilebereitstellung zu entwickeln. Damit einhergehend werden Möglichkeiten aufgezeigt, den Aufbau von Teilebereitstellungseinrichtungen zu standardisieren, die Verfügbarkeit von Montageanlagen zu steigern und die Montagekosten zu senken. Um dieses Ziel zu erreichen, wurden bei den Untersuchungen die folgenden drei Schwerpunkte betrachtet:

- Analyse der automatischen Teilebereitstellung an Montageanlagen, um die Mängel der derzeitigen Praxis bezüglich Geräteflexibilität, Störungsverhalten, Verfügbarkeit und Auslastung zu erfassen und sie dem Angebot des Marktes gegenüberzustellen.
- Systematische Strukturierung der automatischen Teilebereitstellung, um anhand von elementaren Ordnungsprozeßfunktionen den Aufbau und die Komponenten von Teilebereitstellungseinrichtungen zu gliedern und Maßnahmen für eine Flexibilisierung und Standardisierung abzuleiten.
- Entwicklung von Ansätzen zur ganzheitlichen Optimierung der automatischen Teilebereitstellung. Unter Bezug auf die Ergebnisse der ersten beiden Themenschwerpunkte werden produktneutrale und produktspezifische Strukturen an Zuführgeräten definiert und flexible Geräte entwickelt, die sich für einen Einsatz in zentralen, von der Montage entkoppelten Ordnungszellen für auftragsbezogene Magazinierung von Bauteilen eignen.

Abschließend wird die Wirtschaftlichkeit der entwickelten Teilebereitstellungskonzepte anhand eines Berechnungsbeispiels belegt.

8.1 Analyse der automatischen Teilebereitstellung

Die Entwicklung der Zuführgerätetechnik hat mit den in der Montagetechnik erzielten Erfolgen der letzten Jahre nicht Schritt halten können. Die Fertigung von Zuführgeräten und im speziellen der zur Sortierung und Ordnung der Bauteile benötigten Ordnungsschikanen ist ein zeitraubender, iterativer und in der Regel manuell ausgeführter Prozeß. Entsprechend des Fertigungsaufwandes streuen die Kosten für die Teilebereitstellung weit und erreichen einen beträchtlichen Anteil des Investitionsvolumens von Montageanlagen.

Die Leistung der bei entsprechendem Kapitaleinsatz erhältlichen Geräte ist dennoch unbefriedigend; sie sind unflexibel gegenüber veränderlichen Produktionsrandbedingungen, störungsanfällig und darüberhinaus oft schlecht ausgenutzt. Trotzdem werden in der Praxis über 75% des Bauteileaufkommens als Schüttgut an Montageanlagen bereitgestellt und vor Ort mit direkt an die Montage gekoppelten Vibrationswendelförderern zugeführt. Die Folge ist ein mit der Geräteanzahl wachsender Verfügbarkeitsverlust der Montage, der mit hohem Personaleinsatz zu kompensieren versucht wird.

Um eine bessere Ausnutzung der Produktionsfaktoren zu erreichen, sind Konzepte zur Geräteflexibilisierung und -standardisierung erforderlich. Abgesehen von Ordnungsgeräten, die mit optischen Hilfsmitteln arbeiten und nur für ein begrenztes Teilespektrum einsetzbar sind, bietet der Markt hierfür keine Lösungen an.

8.2 Strukturierung der automatischen Teilebereitstellung

Die Ergebnisse der Analyse haben gezeigt, daß eine systematische Strukturierung der automatischen Teilebereitstellung erforderlich ist, um gezielte Schritte zur Modularisierung, Standardisierung und Flexibilisierung der automatischen Teilebereitstellung ergreifen zu können. Das Ergebnis der Strukturierung zeigt, daß sich der Aufbau von Zuführgeräten auf fünf wesentliche Gerätebestandteile zurückführen läßt:

- Bunker,
- Ordnungsschikane(n),
- Puffereinrichtung(en),

- Vereinzelung und Positionierung und
- Antriebskomponenten.

Die Ordnungsschikanen selbst lassen sich nach der Definition elementarer Ordnungsprozeßfunktionen nochmals strukturieren in:

- Schüttbereich (ungeordnetes Bewegen),
- Ausrichtbereich (Lage verändern),
- Ausscheide- und Abweisbereich (Lage ausscheiden) und
- Ausdrehbereich (Lage ausdrehen).

Es ist also möglich, die Gesamtheit der Gerätefunktionalität in Einzelfunktionen aufzuspalten, welche, in beliebiger Reihenfolge zusammengesetzt, die Beschreibung jedes denkbaren Ordnungsprozesses ermöglichen und diesem spezifische Funktionselemente zuzuordnen. Die Zuordnung ermöglicht die Unterscheidung produktneutraler und produktspezifischer Strukturen, was die Grundlage zur Entwicklung flexibler Teilebereitstellungskonzepte darstellt.

Zur Erleichterung von Planungsvorgängen und zur Erhöhung der Transparenz bei der Geräteauslegung mit Hilfe der Ordnungsprozeßfunktionen sowie für die eindeutige Darstellung und den Vergleich von Ordnungsprozessen in verschiedenen Geräten wurde ferner eine Beschreibungssymbolik definiert, die der Uneinheitlichkeit bezüglich Darstellung und Verständnis von Ordnungsprozessen Abbruch leisten soll.

8.3 Flexibilisierung der automatischen Teilebereitstellung

Als Hauptproblem der konventionellen Teilebereitstellung ist deren Flexibilitätsdefizit anzusehen. Ein wesentlicher Grund dafür ist die mangelnde Modularisierung und Standardisierung der Teilebereitstellungskomponenten. Nach der Definition produktspezifischer und produktneutraler Strukturen werden daher in einem ersten Schritt die einzelnen Komponenten der beiden häufigsten Ordnungsgerätetypen in Bezug auf ihre Anpassungsfähigkeit an das Produkt untersucht. Das Ergebnis zeigt, daß es gelingt, den Großteil der Komponenten von Ordnungsgeräten produktneutral auszulegen und die produktspezifischen Bestandteile flexibel austauschbar zu gestalten. Die wesentlichen Gesichtspunkte zur flexiblen Auslegung von Teilebereitstellungseinrichtungen sind:

- Standardisierter, modularer, produktneutraler Grundaufbau,
- austauschbare, produktspezifische und einfach gestaltete Ordnungskomponenten,
- standardisierte Schnittstellen zwischen den Austauschpartnern.

Die flexible Auslegung von Ordnungs- und Zuführgeräten ermöglicht in einem zweiten Schritt die Konzeption und den Einsatz flexibler, autonom arbeitender Kommissionierzellen. Zentral im Wareneingang oder montagenah angeordnet können diese zur auftragsbezogenen Magazinierung von Kleinteilen eingesetzt werden. Der Vorteil dieses Ansatzes ist in der Störungsentkopplung der Montage von der Teilebereitstellung zu sehen. Die Verfügbarkeit von Montageanlagen kann dadurch wesentlich verbessert werden. Darüberhinaus reduziert sich durch konsequente Ausnutzung der Geräte in der Kommissionierzelle der Investitionsbedarf der Teilebereitstellung sowie der Raumbedarf, Steuerungsaufwand und die Komplexität von Montageanlagen. Die technische Realisierbarkeit dieses Konzeptes wird anhand einer Versuchsanlage gezeigt.

In einem dritten Schritt werden verschiedene Möglichkeiten aufgezeigt, flexible Ordnungszentren im Produktionsablauf zu integrieren. Am Beispiel einer industriell eingesetzten Montageanlage für Rutschkupplungen wird abschließend anhand von Berechnungen und graphischen Kennfeldern die wirtschaftliche Tragfähigkeit der Ansätze zur flexiblen Teilebereitstellung nachgewiesen.

8.4 Ausblick

Die Ergebnisse der vorliegenden Arbeit beweisen, daß das Konzept der flexiblen, auftragsbezogenen Magazinierung von Kleinteilen in zentralen, von der Montage entkoppelten Kommissionierzellen technisch durchführbar und von großem Vorteil gegenüber der konventionell betriebenen Teilebereitstellung ist. Allerdings konnten noch nicht für alle Unzulänglichkeiten der konventionellen Teilebereitstellung Lösungen aufgezeigt werden.

Ein wesentliches Problem ist immer noch der langwierige und iterative Fertigungsprozeß von Zuführ- und Ordnungsgeräten bzw. deren Ordnungsschikanen, der hauptsächlich vom Geschick und der Motivation des Schikanenbauers abhängt. Auf diesen Anpassungsprozeß kann auch bei der Auslegung der in dieser Arbeit konzipierten flexibel austauschbaren, produktspezifischen Ordnungsschikanen nicht verzichtet werden. Der Nachteil davon ist, daß diese Komponenten, die möglichst weitgehend standardisiert und modularisiert aufgebaut sein sollten, ebensowenig reproduzierbar sind wie die starren der konventionellen Geräte.

Die Suche nach Abhilfe zu diesem Problem führte gegen Ende dieser Arbeit zu dem Ansatz, Ordnungsschikanen mit Hilfe von 3D-CAD-Systemen zu konstruieren, mit standardisierten Ordnungsfunktionselementen zu versehen und mit Hilfe der graphischen 3D-Bewegungssimulation zusammen mit dem zu fördernden Bauteil auszulegen [WOEN 93]. Dazu war es notwendig, ein physikalisches Simulationsmodell zu schaffen, welches neben den Parametern Gravitation, Reibung und Stoß die Förderbewegung des Ordnungsgerätes simulieren kann. Auf der Basis des Simulationssystems USIS konnte unter Erweiterung eines bereits bestehenden Berechnungsalgorithmus' zur Simulation physikalischer Effekte [STET 92] ein Beispielmodell aufgebaut werden. Dazu wird ein authentisches Bauteil auf dem Boden eines Vibrationswendelförderers positioniert, welches nach Starten der Förderbewegung wendelaufwärts transportiert wird. An den in der Simulation verstellbaren Ordnungsfunktionselementen kann mit hoher Sicherheit prognostiziert werden, wie sich das Bauteil schließlich in der Realität orientiert und im Zweifelsfall abgewiesen wird (Bild 6.1).

Die Weiterentwicklung dieses Simulationstools und letztendlich dessen industrieller Einsatz kann wesentlich zur Verbesserung, Verkürzung und Reproduzierbarkeit des betrieblichen Fertigungsprozesses dienen und als Grundlage

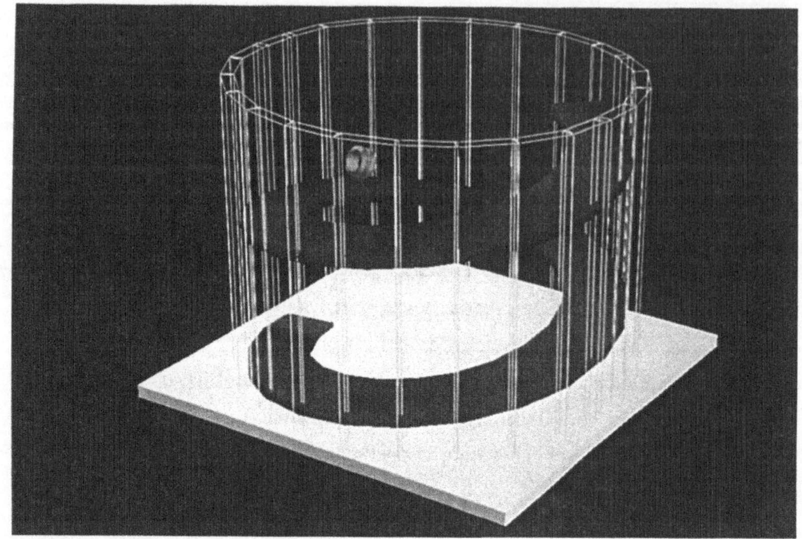

Bild 8.1: Auslegung von Ordnungsschikanen mit Hilfe der graphischen 3-D-Simulation und dem System USIS

für eine weitreichende Standardisierung und Modularisierung von Teilebereitstellungseinrichtungen eingesetzt werden. Auf diese Art und Weise können weitere Kostensenkungspotentiale in der Montageautomatisierung geschaffen werden.

9 Literatur- und Firmenverzeichnis

[ADEP 93] Informationsunterlagen der Fa. Adept Technology Deutschland, Otto-Hahn-Str. 23, 44227 Dortmund, 1993.

[AHRE 83] Ahrens, H.: Grundlagenuntersuchung zur Werkstückzuführung mit Vibrationswendelförderern und Kriterien zur Geräteauslegung. Dissertation TU Hannover VDI-Verlag, Düsseldorf, 1983.

[AZUM 84] Azuma, K; Hara, S.; Hironaka, K., Mitsubishi Electric Corporation, Japan: Development of a flexible parts feeding system. IFS Publications Ltd. UK, Springer Verlag Tokyo, 1984.

[BACK 88] Backmerhoff, W.: Beitrag zur Automatisierung von Kommissioniersystemen. Dissertation TU Berlin 1987, Huss Verlag München, 1988.

[BAUM 88] Baumeister, K.: Kommissioniersystem mit Roboter und Mehrstückgreifer. Dissertation TU Berlin, Springer-Verlag Berlin, 1988.

[BAYR 92] Bayerisches Staatsministerium für Landesentwicklung und Umweltfragen (Hrsg.). Fachinformation Verpackungsverordnung. ISBN 3-910088-83-X, München, 1992.

[BEND 91] Bender, M.; Schweitzer, W.: Genaue Planung erforderlich. Industrie-Anzeiger 69/1991, S. 66-70.

[BICK 91] Bick, W.: Systematische Planung hybrider Montagesysteme unter besonderer Berücksichtigung der Ermittlung des optimalen Automatisierungsgrades. Dissertation TU München, iwb Forschungsberichte Bd. 46, Springer Verlag Berlin, 1992.

[BILG 85] Bilger, B.: Checkliste: Flexibel automatisierte Montage. Flexible Automation 4/85, S. 49-55.

[BOOT 79] Boothroyd, G.; Poli, C. R.; Murch, L. E.: Handbook of feeding orienting techniques for small parts. Amherst, University of Massachusetts, 1979.

[BOOT 85] Boothroyd, G.: Part Presentation Costs in Robot Assembly. Assembly Automation 8/85, S.138-146.

[BOSC 92] Informationsunterlagen der Fa. ROBERT BOSCH GmbH, Düsseldorfer Straße 11, 71332 Waiblingen, 1992.

[BÖTT 57] Böttcher, S.: Beitrag zur Klärung der Gutbewegung auf Schwingrinnen. Dissertation TH Hannover, 1957.

[BRAN 86] Brankamp, K.; Kopka, T.: Ordnung muß sein. Funktion und Anwendungsmöglichkeiten von Ultraschall-Sortiermaschinen für automatisierte Fertigungsbetriebe. Maschinenmarkt 92[1986]38, S. 29-31.

[BRON 79] Bronstein, I.N.; Semendjajew, K.A.: Taschenbuch der Mathematik. Teubner Verlagsgesellschaft, Leipzig und Verlag Nauka, Moskau,1979.

[BROS 87] Brosch, A.: Integration von Binärsensoren in automatisierte Werkstückzuführungen. Industrieanzeiger 101/1987, Seite 24-25.

[BÜNN 90] Bünning,T.: Materialträgersystem, ein strategisches Mittel der Produktionslogistik. MAV 1/2-1990, S.22-26.

[CHUA 89] Chua, P.; Sung, E.: Development of a programmable parts feeder for rectangular parts. ICPR Nottingham August 1989.

[DIRN 93] Dirndorfer, A.: Robotersysteme zur förderbandsynchronen Montage. Dissertation TU München, iwb Forschungsberichte Bd. 46, Springer Verlag Berlin, 1993.

[DUNG 90] v. Dungern, O.; Freyberger, F.; Schmidt,G.: Eine modulare Grundsteuerung für flexible Montagezellen. Automatisierungstechnische Praxis [atp] 1/1990, S.22-29.

[ECCA 92] Angebotsunterlagen Nr. EM 12272 der Fa. ECCARD GmbH, Dammstr.7, 71384 Weinstadt, 28.02.1992.

[EGO 93] Expertengespräche bei der Fa. E.G.O. Elektro-Gerätebau Oberderdingen GmbH, 75056 Sulzfeld im März 1993.

[EPSO 93] Informationsunterlagen der Fa. EPSON Deutschland GmbH, Zülpicher Straße 6, 40549 Düsseldorf, 1993.

[EVER 81] Eversheim, W.: Montage richtig planen. Methoden und Hilfsmittel zur rationellen Montage in Unternehmen mit Einzel-und Serienfertigung. VDI-Verlag, Düsseldorf, 1981.

[EVER 83] Eversheim, W.; Kettner, P.; Merz, K.P.: Ein Baukastensystem für die Montage konzipieren. Industrie-Anzeiger 92 (1983).

[EVER 85] Eversheim, W.; Hausmann, A.: Planung des Sensoreinsatzes für flexibel automatisierte Montagesysteme mit Industrierobotern. VDI-Z Bd. 127 Nr. 1/2 1985, S.37-40.

[EVER 92] Eversheim, W.: Störungsmanagement in der Montage. VDI-Verlag, Düsseldorf, 1992.

[FELD 83] Feldpausch, H.: Entwicklungstendenzen von Zuführgeräten. Kongreßband 5. Deutscher Montagekongreß, Verlag Moderne Industrie, 1983, S. 105-124.

[FELD 92] Feldmann, K.; Hopperdietzel, R.: In Reih und Glied. Maschinenmarkt, Würzburg 98 [1992], S.24-28.

[FEST 93] Expertengespräche bei der Fa. FESTO Pneumatic KG, 73726 Esslingen, März 1993.

[FIMO 89] Angebotsunterlagen Nr. FA 89/8595 der Fa. fimotec-fischer Montagetechnik, Friedhofstraße 13, 78588 Denkingen, 1989.

[FIMO 92] Angebotsunterlagen Nr. FA 92/12309 der Fa. fimotec-fischer Montagetechnik, Friedhofstraße 13, 78588 Denkingen, 1992.

[FITZ 87] Fitzner, M.: Entwicklung einer computergesteuerten Anlage zur Sortierung von Kleinteilen. Dissertation Berlin-Wartenberg, 1987.

[FRIS 82] Frischkorn, G.: Kommissioniersysteme in der Anpassung an veränderte Markttendenzen. VDI-Berichte Nr. 453, 1982.

[GRAF 84] Graf, B.: Flexibilität und Kapazität von Werkstückspeichersystemen. Dissertation TU Stuttgart, Springer-Verlag Berlin 1984.

[GRIE 93] Grieder, C.; Neuenschwander J.: Zusammenbau von Erzeugnissen auf hochautomatisierten Montageanlagen mit hoher Verfügbarkeit. VDI-Z Bd. 135 (1993), Nr. 5, S. 69-72.

[GUTE 83] Gutenberg, E.: Grundlagen der Betriebswirtschaftslehre. Bd. 1: Die Produktion, Berlin, Heidelberg, New York, Springer Verlag 1983.

[HABE 84] Habenicht, D.: Grundlagenuntersuchungen zur Werkstückgleitförderung in Schwingzuführsystemen. Fortschritt-Berichte der VDI-Z, Reihe 13, Nr. 25, 1984.

[HARA 84] Hara, S.; Azuma, K.; Hironaka K.: Development of the flexible Parts Feeding System. 4th International Conference on Assembly Automation, 1984.

[HEIN 83] Heinen, E.: Industriebetriebslehre: Entscheidungen im Industriebetrieb. Gabler-Verlag, Wiesbaden, 1983.

[HESS 89] Hesse, S.; Mittag, G.: Handhabetechnik. VEB Verlag Technik Berlin, 1989.

[HESS 82] Hesse, S.; Mehlig, R.: Grundlagen und Richtlinien zur Entwicklung von Werkstückspeichern. Wissenschaftlicher Beitrag aus der Sektion Technologie der Metallverarbeitenden Industrie, Ingenieurhochschule Zwickau, 1982.

[HEYM 26] Heymann, H.: Der Wuchtförderer, ein neues Fördermittel. Z. VDI Bd. 70 (1926) Nr. 10, S. 309-313.

[HILG 85] Hilgenböcker, H.: Methodische Entwicklung von Zuführsystemen. Dissertation TU Hannover, VDI-Verlag Düsseldorf, 1985.

[HOES 78] Hoeschen, R.-D.: Planung von Montagesystemen im Rahmen der technischen Investitionsplanung. Dissertation TH Aachen, 1978.

[HOPP 92] Informationsunterlagen der Fa. Hoppmann Corporation, Vertrieb Deutschland fimotec-fischer Montagetechnik, Friedhofstraße 13, 78588 Denkingen, ca. 1992.

[HÜTT 79] Hütter, O.: Systematische Untersuchungen zum Werkstück- und Geräteverhalten beim Zubringeprozeß von Wirrteilen. Dissertation Universität Hannover, 1979.

[IOPE 68] N. N.: Automated assembling, Part 1-2. The institution of produktion engineers [Hrsg.], London 1968.

[KARS 90] Karstedt, K.: Positionsbestimmung von Objekten in der Montage- und Fertigungsautomatisierung. iwb Forschungsberichte Nr.22. Springer Verlag, Berlin, Heidelberg, New York.

[KERN 92] Kern, W.: Industrielle Produktionswirtschaft. Poeschel-Verlag, Stuttgart, 1992.

[KETT 84] Kettner, H.; Schmidt, J.; Greim, H.-R.: Leitfaden der systematischen Fabrikplanung. Carl Hanser Verlag, München, 1984.

[LEHR 30] Lehr, E.: Schwingungstechnik - Ein Handbuch für Ingenieure, Band 1. Julius Springer Verlag Berlin, 1930.

[LEHR 34] Lehr, E.: Schwingungstechnik - Ein Handbuch für Ingenieure, Band 2. Julius Springer Verlag Berlin, 1934.

[LEY 93] Ley, N.: Zur rechten Zeit am rechten Ort. Sonderpublikation, IPA Spezial, MI-Verlag, München-Landsberg 1993, S.86-88.

[LIM 90] Lim, T.G.; Kim, J.H.; Cho, H.S.; Kim, S.K.: A Neutral Network Method for Recognition of Part Orientation in a Programmable Bowl Feeder. Proc. 11th International Conference on Assembly Automation, Detroit, Nov. 1990.

[LOTT 82] Lotter, B.: Arbeitsbuch der Montagetechnik. Vereinigte Fachverlage Krausskopf Ingenieur Digest, 1982.

[LOTT 86] Lotter, B.: Montageroboter oder Einzweckautomat. Verlag Moderne Industrie, Roboter 4 (1986), S. 54-57.

[LOTT 92a] Lotter, B.; Schilling, W.: Methodisches Rationalisieren der manuellen Montage. Teil 1. Der Betriebsleiter 1/92, Seite 24-28.

[LOTT 92b] Lotter, B.: Wirtschaftliche Montage. VDI-Verlag, Düsseldorf, 1992.

[LYON 91] Lyonnet, P.: Maintenance Planning - Methods and Mathematics. London, New York; Chapman & Hall 1991.

[MAIE 90] Maier, D.: Neuartiges Speicherkonzept; Wickel- und Kassettenspeicher. Technologieentwicklungsgruppe Stuttgart, Rundbrief vom 26.04.90.

[MAKI 90] Makino H.; Yamanashi University/Japan: Versality Index - An Indicator for Assembly System Selection. Annals of the CIRP Vol. 39/1990 S. 15-18.

[META 93] Expertengespräche bei der Fa. Metabowerke GmbH & Co. in 72622 Nürtingen, Februar 1993.

[MILB 89a] Milberg,J.; Schmidt,M.: Nutzung der Kostensenkungspotentiale in der Montage.VDI Berichte Nr. 767,1989,S.281-313.

[MILB 90a] Milberg, J.; Schmidt, M.: Entwicklung und Einsatz von Montagezellen. Fertigungstechnik und Betrieb, Berlin 40 [1990] 7, Seite 391-395.

[MILB 90b] Milberg, J.; Schmidt, M.: Flexible Assembly Systems - Opportunities and Challenge for Economic Production. Annals of the CIRP Vol. 39/1/1990, S.5-8.

[MILB 91] Milberg,J.; Rockland,M.; Schmidt, M.: Flexible, modulare Baukastensysteme für die Montage und Kommissionierung, TECHNICA, 22 [1991], S.43-47.

[MILB 92] Milberg, J.; Rockland, M.: Flexible Bauteilbereitstellung in der Montage. VDI-Z 134 (1992), Nr. 4, S. 78-80.

[MRW 89] Informationsunterlagen der Fa. MRW DIGIT Electronicgeräte GmbH, Lorcher Strasse 38, 73525 Schwäbisch Gmünd, 1989.

[MRW 90] Angebotsunterlagen Nr. O/1272 der Fa. MRW DIGIT Electronicgeräte GmbH, Lorcher Strasse 38, 73525 Schwäbisch Gmünd, 1990.

[N.N. 84] N. N.: Schwingförderer + Material-handling - Das große Zittern! handling März/April 1984, S.73-76.

[N.N. 87] N. N.: Teilebereitstellung - Wesentlicher Kostenfaktor. Flachmagazine für die Automatisierung. Elektrotechnik, Vogel-Verlag Würzburg, Sonderbeilage zu Heft 13, 69. Jg., 1987.

[N.N. 89] N. N.: Mit Schwung ins Nest. Automatisches Positioniersystem von Sony. Montage 1/89, S. 70.

[N.N. 91] N. N.: In Reih und Glied. Flexible Automation 3/91, S.24-25.

[N.N. 92] Flexible Fertigungssysteme, Handhaben, Industrieroboter, Montieren. Informationsunterlagen Nr. 4.103, Fraunhofer-Institut für Produktionstechnik und Automatisierung (IPA). Technische Universität Stuttgart, 1992.

[NAGE 88] Nagel, H.: Stand der Technik industrieller Bildverarbeitungssysteme. Tagungsband zur Vision/Ident 88. Fachmesse und Kongreß, Sindelfingen 1988.

[NIES 83] Niess, P. S.: Die Auslegung von Zuführanlagen in automatisierten Montageeinrichtungen. VDI-Berichte Nr. 479, 1983.

[OHRM 89] Angebotsunterlagen "Abnahmestation für O-Ringe 19 x 1,3" der Fa. Ohrmann GmbH Montagetechnik, Michelnhöfe 2, 4773 Möhnesee-Echtrop, 1989.

[OKU 93] Informationsunterlagen der Fa. OKU GmbH & Co. KG, Rosenstraße 15, 7065 Winterbach, 1992.

[PAPE 87] Papenheim, M.: Verfahren zur Bereitstellung mehrfach verwendbarer Transporthilfsmittel. Dissertation TU Karlsruhe, 1987.

[PARK 89] Park, I.O.; Cho, H.S.; Gweon, D.G.: Development of a Programmable Bowl Feeder using a Fiber Optic Sensor. Proc. 10th International Conference on Assembly Automation. Kanazawa, Okt. 1989.

[PATE 85] Pater, H.-G.: Flexibles Palettensystem für spanende Werkzeuge und Werkstücke. dima 3/85, Seite 20-21.

[RAFI 92] Expertengespräche bei der Fa. RAFI GmbH & Co., 88274 Berg/Ravensburg, April 1993.

[REDF 75] Redford, A. H.: A review of developments in out-phase (elliptical throw) vibratory conveying. Annals of the CIRP 24 (1975) 1, S. 399-404.

[RNA 93] Informationsunterlagen der Fa. RNA Rhein Nadel Automation GmbH, Reichsweg 19-42, 5100 Aachen, 1993.

[ROCK 91] Rockland,M.; Schmidt, M.: Modular und hochflexibel. Sonderpublikation, Die neue Fabrik, MI-Verlag, München-Landsberg 1991, S.95-98.

[ROCK 93] Rockland,M.: Strategien zur Verfügbarkeitssteigerung durch flexible Magazinierung und Komissionierung in der Montage. Technica 7/93, Seite 32-40.

[SAND 88] Sander, H.E.: Anpaßbare Werkstückträger. Montage 3/88, Seite 64-66.

[SANK 93] Informationsunterlagen der Fa. Sankyo Seiki Mfg. (Europe) GmbH, Tilsiter Straße 3, 71065 Sindelfingen, 1993.

[SCHA 89] Schanz, R.: Entwicklungs- und Planungshilfen zum Aufbau von flexiblen Ordnungssystemen. Dissertation TU Stuttgart, Springer-Verlag Berlin, 1989.

[SCHM 85] Schmidt, I.: Ordnen von Werkstücken mit programmierbaren Handhabungsgeräten und Werkstückerkennungssensoren. Dissertation TU Stuttgart, Springer-Verlag, 1985.

[SCHM 92a] Schmidt, M.: Konzeption und Einsatzplanung flexibel automatisierter Monstagesysteme. Dissertation TU München, iwb Forschungsberichte Bd. 41, Springer Verlag Berlin, 1992.

[SCHM 92b] Schmidt, Norbert: Flexibler Wendelförderer mit Software-Schikane. VDI-N, Sonderteil Industrie '92, Nr. 13, 27.3.92, S.11.

[SCHM 93] Schmid, S.: Lagerichtig eingeschleust. SMM, Goldach, Nr. 16/1993, S. 16-21.

[SCHW 93] Schweigert, U.: Definiert am richtigen Ort. SMM, Goldach, Nr. 47/1993, S. 32-35.

[SCHR 88] Schraft, R. D.: Werkstückträger zur flexiblen Automatisierung von Fertigung und Montage. Düsseldorf, VDI-Verlag 1988.

[SCHU 86] Schulz, W.: Ordnen mit Licht und Magnetismus. Robotertechnik 1986, S. 54-56.

[SELI 83] Seliger, G.: Wirtschaftliche Planung automatisierter Fertigungssysteme. München, Hanser Verlag, 1983.

[SELI 87] Seliger, G.; Furgac, I.; Deutschlaender, A.: Flexibles Montagesystem. ZwF/CIM 82 (1987).

[SELI 92] Seliger, G.; Heinemeier, H.-J.; Neu, S.: Montageprogramme mit Datenbank- und Sensorunterstützung erstellen. ZwF/CIM, 87 [1992] 2, S. 104-107.

[SIEM 92] Expertengespräch mit Herrn W. Hussmann, Leiter Fertigungsmittelbau der Siemens AG, GWA Amberg, Werner von Siemens Str. 48, 8450 Amberg, 1992.

[SIM 92] Informationsunterlagen der Fa. SIM Zuführ- und Montagetechnik GmbH&Co. KG, Liesebühl 20, 5630 Heiligenstadt, 1992.

[SIMO 86] Simon, S.: Der Kommissionierprozeß für automatisch integrierte Produktionseinheiten. Dissertation TU Dresden, 1986.

[SPUR 79] Spur, G.; Auer B.H.; Sinning, H.: Industrieroboter. Carl Hanser Verlag, München Wien, 1979.

[STÄU 93] Informationsunterlagen der Fa. Stäubli Unimation, Berner Straße 43, 60437 Frankfurt, ca. 1993.

[STAT 93] Statistisches Handbuch für den Maschinenbau. VDMA (Hrsg.), Maschienenbau Verlag GmbH, Frankfurt, 1993.

[STET 92] Stetter, R.: Einbindung physikalischer Effekte in die 3D-Simulation eines Handhabungsprozesses. Robotersysteme 3, 1992, Springer-Verlag.

[STIW 90] Informationsunterlagen der Fa. STIWA Sticht GmbH, Steinhüblstraße 4, A-4800 Attnang, ca. 1990.

[SUZU 81] Suzuki T.; Kohno, M., Hitachi Ltd., London: The flexible parts feeder which helps a robot automatically. Assembly Automation [February 1981].

[TÜBE 87] Tübel, T.: Gestaltung und Auswahl von Einrichtungen zum Bereitstellen von Bauelementen. Dissertation TU Dresden, 1987.

(VDI 2333) VDI-Richtlinie 2333, Schwingförderer. VDI-Verlag, Düsseldorf, 1965.

(VDI 2802) VDI-Richtlinie 2802, Wertanalyse und Vergleichsrechnung. VDI-Verlag, Düsseldorf, 1976.

(VDI 2860) VDI-Richtlinie 2860, Montage und Handhabungstechnik. VDI-Verlag Düsseldorf, 1990.

(VDI 3221) VDI-Richtlinie Wirtschaftlichkeitsrechnung in der industriellen Fertigung, Blatt 1-4. VDI-Verlag, Düsseldorf, 1970.

(VDI 3239) VDI-Richtlinie 3239, Sinnbilder für Zubringefunktionen. VDI-Verlag, Düsseldorf, 1966.

(VDI 3240) VDI-Richtlinie 3240, Blatt 1, Zubringereinrichtungen. VDI-Verlag, Düsseldorf, 1971.

(VDI 3244) VDI-Richtlinie 3244, Automatisierung des Arbeitsgutdurchlaufes - Zubringeeinrichtungen und Verkettungseinrichtungen in der Fertigung. VDI-Verlag, Düsseldorf, 1965.

(VDI 3245) VDI-Richtlinie 3245. Zubringeeinrichtungen für Blechgroßteile an Pressen. VDI-Verlag, Düsseldorf, 1965.

(VDI 3246) VDI-Richtlinie 3246, Zubringereinrichtungen für Blechkleinteile in der Blechverarbeitung. VDI-Verlag, Düsseldorf, 1965.

(VDI 3258) VDI-Richtlinie Kostenrechnung mit Maschinenstundensätzen, Blatt 1-2. VDI-Verlag, Düsseldorf, 1962.

(VDI 3300) VDI-Richtlinie 3300, Materialfluß-Untersuchungern. VDI-Verlag, Düsseldorf, 1989.

(VDI 3590) VDI-Richtlinie 3590, Kommissioniersysteme; Bl.1: Grundlagen; Bl.2: Aufbau- und Ablauforganisation; Bl.3: Entscheidungsfindung. VDI-Verlag, Düsseldorf, 1975/76/77.

[WARN 80] Warnecke, H. J. u. a.: Wirtschaftlichkeitsrechnung für Ingenieure. Hanser Verlag, München, Wien, 1980.

[WARN 84] Warnecke, H.-J.; Schraft, R.D.: Handbuch Handhabungs-Montage- und Industrierobotertechnik. Verlag Moderne Industrie Landsberg München, 1984.

[WARN 90a] Warnecke, H.-J.; Schraft, R. D.: Industrieroboter. Handbuch für Industrie und Wissenschaft. Springer-Verlag Berlin Heidelberg, 1990.

[WARN 90b] Warnecke, H. J., Schweitzer, M., Schweigert, U.: Entwicklungsschwerpunkte bei der flexiblen Montageautomatisierung in der Feinwerktechnik. Springer Verlag, wt Werkstattstechnik 80 (1990), S. 441-444.

[WARN 91] Warnecke, H. J.: Montage für kleine und mittlere Losgrößen. Tagungsband "Wettbewerbsfaktor Zeit in Produktionsunternehmen", Referate des Münchner Kolloquiums '91 (Hrsg.; J. Milberg), S. 291-308. Springer Verlag, Berlin, Heidelberg, 1991.

[WECK 87] Weck, M.; Goedecke, G.: Integriertes Fertigungs- und Monteagesystem IFMS. VDI-Z 129 (1987)8.

[WEIS 83] Weiss, K.; Entwicklung flexibler Ordnungssysteme für die Automatisierung der Werkstückhandhabung in der Klein- und Mittelserienfertigung. Dissertation TU Stuttgart, Springer Verlag Berlin, Heidelberg, 1983.

[WELL 92] Welling, A.: Integriertes Sensorsystem für Handhabungsaufgaben mit einem mobilen Roboter. 8. Fachgespräch Autonome Mobile Systeme; Karlsruhe, November 1992, S. 183-193.

[WEND 92] Wendt, A.: Qualitätssicherung in flexibel automatisierten Montagesystemen. Dissertation TU München, Springer Verlag, 1992.

[WIEN 84] Wiendahl, H. P.; Ziersch, W.-D.: Strategien zur Verfügbarkeitssteigerung automatischer Montagesysteme. Fachtagung "Praxis derMontageautomatisierung", VDI-Gesellschaft Produktionstechnik (ADB), Düsseldorf, 1984.

[WIEN 88] Wiendahl, H. P.; Müller, T.: Flexibles Fallschachtmagazin für Ventilgehäuse - Rohteile. Präsentationsbroschüre des Instituts für Fabrikanlagen, Universität Hannover, 1988.

[WIEN 89a] Wiendahl, H. P.; Müller, T.: Flexible Werkstückbereitstellung durch programmierbare Ordnungsmodule. ZwF/CIM, 84 [1989] 10, S. 573-576.

[WIEN 89b] Wiendahl, H.-P.: Winkelhake, U.: Permanente Maschinendatenerfassung automatischer Montageanlagen. ZwF 84 [1989]6, S. 343-348.

[WIEN 93] Wiendahl, H.-P.; Müller-Kramp, T.; Radow, W.R.: Planung flexibler Zuführsysteme. VDI-Z 135, 1993, Nr. 4, Seite 85-87.

[WILD 86] Wildemann, H.: Strategische Investitionsplanung für neue Technologien in der Produktion. Gesellschaft für Management und Technologie, München, 1986.

[WITT 84] Witte, K. W.: Flexible Zuführtechnik - Notwendigkeit in Fertigungs- und Montagesystemen der Zukunft. VDI-Z 126[1984]12, S. 434-440.

[WOEN 93] Woenckhaus, C.; Stetter, R.; Rockland, M.: Optimierung flexibler Montagezellen durch die 3D-Simulation. Tagungsbericht "Simulation und Fabrikbetrieb", 10.-11.02.1993 in Aachen, gmft-Verlag, München 1993.

[WÖHE 84] Wöhe, G.: Einführung in die allgemeine Betriebswirtschaftslehre. Vahlen-Verlag, München, 1984.

[YOSH 84] Yoshida, R.: On the Revolving Parts Feeder with Velocity Servomechanism. 4th International Conference on Assembly Automation, 1984.

[ZIER 85] Ziersch, W.-D.: Strategien zur Leistungssteigerung von automatischen Montageanlagen durch zuverlässige Zuführsysteme. VDI-Fortschritt-Berichte, Reihe 2: Betriebstechnik, Nr. 85, VDI-Verlag Düsseldorf, 1985.

[ZIPS 87] Zipse, T.: Konzeption und Auswahl modularer Magazinpaletten. Dissertation TU Stuttgart, Springer-Verlag Berlin, 1986.

iwb Forschungsberichte

Berichte aus dem Institut für Werkzeugmaschinen und Betriebswissenschaften der Technischen Universität München

Herausgeber: Prof. Dr.-Ing. J. Milberg und Prof. Dr.-Ing. G. Reinhart

---

1 **Streifinger, E.**
Beitrag zur Sicherung der Zuverlässigkeit und Verfügbarkeit moderner Fertigungsmittel
1986. 72 Abb. 167 Seiten, ISBN 3-540-16391-3 — 68,- DM

2 **Fuchsberger, A.**
Untersuchung der spanenden Bearbeitung von Knochen
1986. 90 Abb. 175 Seiten, ISBN 3-540-16392-1 — 68,- DM

3 **Maier, C.**
Montageautomatisierung am Beispiel des Schraubens mit Industrierobotern
1986. 77 Abb. 144 Seiten, ISBN 3-540-16393-X — 68,- DM

4 **Summer, H.**
Modell zur Berechnung verzweigter Antriebsstrukturen
1986. 74 Abb. 197 Seiten, ISBN 3-540-16394-8 — 68,- DM

5 **Simon, W.**
Elektrische Vorschubantriebe an NC-Systemen
1986. 141 Abb. 198 Seiten, ISBN 3-540-16693-9 — 68,- DM

6 **Büchs, S.**
Analytische Untersuchungen zur Technologie der Kugelbearbeitung
1986. 74 Abb. 173 Seiten, ISBN 3-540-16694-7 — 68,- DM

7 **Hunzinger, I.**
Schneiderodierte Oberflächen
1986. 79 Abb. 162 Seiten, ISBN 3-540-16695-5 — 68,- DM

8 **Pilland, U.**
Echtzeit-Kollisionsschutz an NC-Drehmaschinen
1986. 54 Abb. 127 Seiten, ISBN 3-540-17274-2 — 68,- DM

9 **Barthelmeß, P.**
Montagegerechtes Konstruieren durch die Integration von Produkt- und Montageprozeßgestaltung
1987. 70 Abb. 144 Seiten, ISBN 3-540-18120-2 — 68,- DM

10 **Reithofer, N.**
Nutzungssicherung von flexibel automatisierten Produktionsanlagen
1987. 84 Abb. 176 Seiten, ISBN 3-540-18440-6 — 68,- DM

11 **Diess, H.**
Rechnerunterstützte Entwicklung flexibel automatisierter Montageprozesse
1988. 56 Abb. 144 Seiten, ISBN 3-540-18799-5 — 73,- DM

12 Reinhart, G.
Flexible Automatisierung der Konstruktion
und Fertigung elektrischer Leitungssätze
1988, 112 Abb. 197 Seiten, ISBN 3-540-19003-1 73,- DM

13 Bürstner, H.
Investitionsentscheidung in der rechnerintegrierten Produktion
1988, 77Abb. 190 Seiten, ISBN 3-540-19099-6 73,- DM

14 Groha, A.
Universelles Zellenrechnerkonzept für flexible Fertigungssysteme
1988, 74 Abb. 153 Seiten, ISBN 3-540-19182-8 73,- DM

15 Riese, K.
Klipsmontage mit Industrierobotern
1988, 92 Abb. 150 Seiten, ISBN 3-540-19183-6 73,- DM

16 Lutz, P.
Leitsysteme für rechnerintegrierte Auftragsabwicklung
1988, 44 Abb. 144 Seiten, ISBN 3-540-19260-3 73,- DM

17 Klippel, C.
Mobiler Roboter im Materialfluß eines flexiblen Fertigungssystems
1988, 86 Abb. 164 Seiten, ISBN 3-540-50468-0 73,- DM

18 Rascher, R.
Experimentelle Untersuchungen zur Technologie der Kugelherstellung
1989, 110 Abb. 200 Seiten, ISBN 3-540-51301-9 73,- DM

19 Heusler, H.-J.
Rechnerunterstützte Planung flexibler Montagesysteme
1989, 43 Abb. 154 Seiten, ISBN 3-540-51723-5 73,- DM

20 Kirchknopf, P.
Ermittlung modaler Parameter aus Übertragungsfrequenzgängen
1989, 57 Abb. 157 Seiten, ISBN 3-540-51724 73,- DM

21 Sauerer, Ch.
Beitrag für ein Zerspanprozeßmodell Metallbandsägen
1990, 89 Abb. 166 Seiten, ISBN 3-540-51868-1 78,- DM

22 Karstedt, K.
Positionsbestimmung von Objekten in der Montage-
und Fertigungsautomatisierung
1990, 92 Abb. 157 Seiten, ISBN 3-540-51879-7 78,- DM

23 Peiker, St.
Entwicklung eines integrierten NC-Planungssystems
1990, 66 Abb. 180 Seiten, ISBN 3-540-51880-0 78,- DM

24 Schugmann, R.
Nachgiebige Werkzeugaufhängungen für die automatische Montage
1990. 71 Abb. 155 Seiren, ISBN 3-540-52138-0 78,- DM

25 **Wrba, P**
Simulation als Werkzeug in der Handhabungstechnik
1990, 125 Abb., 178 Seiten, ISBN 3-540-52231-X 78,- DM

26 **Eibelshäuser, P.**
Rechnerunterstützte experimentelle Modalanalyse
mitells gestufter Sinusanregung
1990, 79 Abb., 156 Seiten, ISBN 3-540-52451-7 78,- DM

27 **Prasch, J.**
Computerunterstützte Planung von chirurgischen Eingriffen
in der Orthopädie
1990, 113 Abb., 164 Seiten, ISBN 3-540-52543-2 78,- DM

28 **Teich, K.**
Prozeßkommunikation und Rechnerverbund in der Produktion
1990, 52 Abb., 158 Seiten, ISBN 3-540-52764-8 78,- DM

29 **Pfrang, W.**
Rechnergestützte und graphische Planung manueller
und teilautomatisierter Arbeitsplätze
1990, 59 Abb., 153 Seiten, ISBN 3-540-52829-6 78,- DM

30 **Tauber, A.**
Modellbildung kinematischer Stukturen
als Komponente der Montageplanung
1990, 93 Abb., 190 Seiten, ISBN 3-540-52911-X 78,- DM

31 **Jäger, A.**
Systematische Planung komplexer Produktionssysteme
1991, 75 Abb., 148 Seiten, ISBN 3-540-53021-5 78,- DM

32 **Hartberger, H.**
Wissensbasierte Simulation komplexer Produktionssysteme
1991, 58 Abb., 154 Seiten, ISBN 3-540-53326-5 78,- DM

33 **Tuczek H.**
Inspektion von Karosseriepreßteilen auf Risse und Einschnürungen
mittels Methoden der Bildverarbeitung
1992, 125 Abb., 179 Seiten, ISBN 3-540-53965-4 88,- DM

34 **Fischbacher, J.**
Planungsstrategien zur strömungstechnischen Optimierung
von Reinraum-Fertigungsgeräten
1991, 60 Abb., 166 Seiten, ISBN 3-540-54027-X 78,- DM

35 **Moser, O.**
3D-Echtzeitkollisionsschutz für Drehmaschinen
1991, 66 Abb., 177 Seiten, ISBN 3-540-54076-8 78,- DM

36 **Naber, H.**
Aufbau und Einsatz eines mobilen Roboters mit
unabhängiger Lokomotions- und Manipulationskomponente
1991, 85 Abb., 139 Seiten, ISBN 3-540-54216-7 78,- DM

37 **Kupec, Th.**
Wissensbasiertes Leitsystem zur Steuerung flexibler Fertigungsanlagen
1991, 68 Abb., 150 Seiten, ISBN 3-540-54260-4 78,- DM

38 **Maulhardt, U.**
Dynamisches Verhalten von Kreissägen
1991, 109 Abb., 159 Seiten, ISBN 3-540-54365-1 78,- DM

39 **Götz, R.**
Stukturierte Planung flexibel automatisierter Montagesysteme für flächige Bauteile
1991, 86 Abb., 201 Seiten, ISBN 3-540-54401-1 78,- DM

40 **Koepfer, Th.**
3D- grafisch-interaktive Arbeitsplanung - ein Ansatz zur Aufhebung der Arbeitsteilung
1991, 74 Abb., 126 Seiten, ISBN 3-540-54436-4 78,- DM

41 **Schmidt, M.**
Konzeption und Einsatzplanung flexibel automatisierter Montagesysteme
1992, 108 Abb., 168 Seiten, ISBN 3-540-55025-9 88,- DM

42 **Burger, C.**
Produktionsregelung mit entscheidungsunterstützenden Informationssystemen
1992, 94 Abb., 186 Seiten, ISBN 5-540- 55187-5 88,- DM

43 **Hoßmann, J.**
Methodik zur Planung der automatischen Montage von nicht formstabilen Bauteilen
1992, 73 Abb., 168 Seiten, ISBN 3-540-5520-0 88,- DM

44 **Petry, M.**
Systematik zur Entwicklung eines modularen Programmbaukastens für robotergeführte Klebeprozesse
1992, 106 Abb., 139 Seiten ISBN 3-540-55374-6 88,- DM

45 **Schönecker, W.**
Integrierte Diagnose in Produktionszellen
1992, 87 Abb., 159 Seiten, ISBN 3-540-55375-4 88,- DM

46 **Bick, W.**
Systematische Planung hybrider Montagesyste unter Berücksichtigung der Ermittlung des optimalen Automatisierungsgrades
1992, 70 Abb., 156 Seiten ISBN 3-540-55377-0 88,- DM

47 **Gebauer, L.**
Prozeßuntersuchungen zur automatisierten Montage von optischen Linsen
1992, 84 Abb., 150 Seiten, ISBN 3-540- 55378-9 88,- DM

48 **Schrüfer, N.**
Erstellung eines 3D-Simulationssystems zur Reduzierung von Rüstzeiten bei der NC-Bearbeitung
1992, 103 Abb., 161 Seiten, ISBN 3-540-55431-9 88,- DM

49 **Wisbacher, J.**
Methoden zur rationellen Automatisierung der Montage von Schnellbefestigungselementen
1992, 77 Abb., 176 Seiten, ISBN 3-540-55512-9 88,- DM

50 **Garnich. F.**
Laserbearbeitung mit Robotern
1992, 110 Abb., 184 Seiten, ISBN 3-540- 55513-7 88,- DM

51 **Eubert, P.**
Digitale Zustandsregelung elektrischer Vorschubantriebe
1992, 89 Abb., 159 Seiten, ISBN 3-540-44441-2 88,- DM

52 **Glaas, W.**
Rechnerintegrierte Kabelsatzfertigung
1992, 67 Abb., 140 Seiten, ISBN 3-540-55749-0 88,- DM

53 **Helml, H.J.**
Ein Verfahren zur on-line Fehlererkennung und Diagnose
1992, 60 Abb., 153 Seiten, ISBN 3-540-55750-4 88,- DM

54 **Lang, Ch.**
Wissensbasierte Unterstützung der Verfügbarkeitsplanung
1992, 75 Abb., 150 Seiten, ISBN 3-540-55751-2 88,- DM

55 **Schuster, G.**
Rechnergestütztes Planungssystem für die flexibel
automatisierte Montage
1992, 67 Abb., 135 Seiten, ISBN 3-540-55830-6 88,- DM

56 **Bomm, H.**
Ein Ziel- und Kennzahlensystem zum Investitionscontrolling
komplexer Produktionssysteme
1992, 87 Abb., 195 Seiten, ISBN 3-540-55964-7 88,- DM

57 **Wendt, A.**
Qualitätssicherung in flexibel automatisierten Montagesystemen
1992, 74 Abb., 179 Seiten, ISBN 3-540-56044-0 88,- DM

58 **Hansmaier, H.**
Rechnergestütztes Verfahren zur Geräuschminderung
1993, 67 Abb., 156 Seiten, ISBN 3-540-56043-2 88,- DM

59 **Dilling, U.**
Planung von Fertigungssystemen unterstützt
durch Wirtschaftlichkeitssimulation
1993, 72 Abb., 146 Seiten, ISBN 3-540-56307-5 88,- DM

60 **Strohmayr, R.**
Rechnergestützte Auswahl und Konfiguration
von Zubringeeinrichtungen
1993, 80 Abb., 152 Seiten, ISBN 3-540-56652-X 88,- DM

61 **Glas, J.**
Standardisierter Aufbau anwendungsspezifischer
Zellenrechnersoftware
1993, 80 Abb., 145 Seiten, ISBN 3-540-56890-5 88,- DM

62 **Stetter, R.**
Rechnergestützte Simulationswerkzeuge zur
Effizienzsteigerung des Industrierobotereinsatzes
1994, 91 Abb., 146 Seiten, ISBN 3-540-568891 88,- DM

63 **Dirndorfer, A.**
Robotersysteme zur förderbandsynchronen Montage
1993, 76 Abb, 144 Seiten, ISBN 3-540-57031-4 88,- DM

64 **Wiedemann, M.**
Simulation des Schwingungsverhaltens spanender Werkzeugmaschinen
1993, 81 Abb., 137 Seiten, ISBN 3-540-57177-9 88,- DM

65 **Woenckhaus, Ch.**
Rechnergestütztes System zur automatisierten 3D-Layoutoptimierung
1994, 81 Abb., 140 Seiten,ISBN 3540-57284-8 — 88,- DM

66 **Kummetsteiner, G.**
3D-Bewegungssimulation als integratives Hilfsmittel zur Planung manueller Montagesysteme
1994, 62 Abb.; 146 Seiten, ISBN 3-540-57535-9 — 88,- DM

67 **Kugelmann, F.**
Einsatz nachgiebiger Elemente zur wirtschaftlichen Automatisierung von Produktionssystemen
1993, 76 Abb., 144 Seiten, ISBN 3-540-57549-9 — 88,– DM

68 **Schwarz, H.**
Simulationsgestützte CAD/CAM-Kopplung für die 3D-Laserbearbeitung mit integrierter Sensorik
1994, 96 Abb., 148 Seiten, ISBN 3-540-57577-4 — 88,– DM

69 **Viethen, U.**
Systematik zum Prüfen in Flexiblen Fertigungssytemen
1994, 70 Abb., 142 Seiten, ISBN 3-540-57794-7 — 88,– DM

70 **Seehuber, M.**
Automatische Inbetriebnahme geschwindigkeitsadaptiver Zustandsregler
1994, 72 Abb., 155 Seiten, ISBN 3-540-57896-X — 88,– DM

71 **Amann, W.**
Eine Simulationsumgebung für Planung und Betrieb von Produktionssystemen
1994, 71 Abb., 129 Seiten, ISBN 3-540-57924-9 — 88,– DM

73 **Welling, A.**
Effizienter Einsatz bildgebender Sensoren zur Flexibilisierung automatisierter Handhabungsvorgänge
1994, 66 Abb., 139 Seiten, ISBN 3-540-580-0 — 88,– DM

74 **Zetlmayer, H,**
Verfahren zur simulationsgestützen Produktionsregelung in der Einzel- und Kleinserienproduktion
1994, 62 Abb., 143 Seiten, ISBN 3-540-58134-0 — 88,– DM

75 **Lindl, M.**
Auftragsleittechnik für Konstruktion und Arbeitsplanung
1994, 66 Abb,. 147 Seiten, ISBN 3-540-58221-5 — 88,– DM

76 **Zipper, B.**
Das integrierte Betriebsmittelwesen – Baustein einer flexiblen Fertigung
1994, 64 Abb., 147 Seiten, ISBN 3-540-58222-3 — 88,– DM

77 **Raith, P.**
Programmierung und Simulation von Zellenabläufen in der Arbeitsvorbereitung
1995, 51 Abb., 130 Seiten, ISBN 3-540-58223-1 — 88,– DM

78 **Engel, A.**
Strömungstechnische Optimierung von Produktionssystemen durch Simulation
1994, 69 Abb., 160 Seiten, ISBN 3-540-58258-4 — 88,– DM

79 Zäh, M. F.
Dynamisches Prozeßmodell Kreissägen
1995, 95 Abb., 186 Seiten, ISBN 3-540-58624-5 88,– DM

80 Zwanzer, N.
Technologisches Prozeßmodell für die Kugelschleifbearbeitung
1995, 65 Abb., 150 Seiten, ISBN 3-540-58634-2 88,– DM

81 Romanow, P.
Konstruktionsbegleitende Kalkulation von Werkzeugmaschinen
1995, 66 Abb., 151 Seiten, ISBN 3-540-58771-3 88,– DM

82 Kahlenberg, R.
Integrierte Qualitätssicherung in flexiblen Fertigungszellen
1995, 71 Abb., 136 Seiten, ISBN 3-540-58772-1 88,– DM

83 Huber, A.
Arbeitsfolgenplannung mehrstufiger Prozesse in der Hartbearbeitung
1995, 87 Abb., 152 Seiten, ISBN 3-540-58773-X 88,– DM

84 Birkel, G.
Aufwandsminimierter Wissenserwerb für die Diagnose
in flexiblen Produktionszellen
1995, 64 Abb., 137 Seiten, ISBN 3-540-58869-8 88,– DM

85 Simon, D.
Fertignungsregelung durch zielgrößenorientierte Planung und
logistisches Störungsmanagment
1995, 77 Abb., 132 Seiten, ISBN 3-540-58942-2 88,– DM

87 Rockland, M.
Flexibilisierung der automatischen Teilebereitstellung in Montageanlagen
1995, 83 Abb., 151 Seiten, ISBN 3-540-58999-6 88,– DM

88 Linner, St.
Konzept einer integrierten Produktentwicklung
1995, 67 Abb., 168 Seiten, ISBN 3-540-59016-1 88,– DM

89 Eder, Th.
Integrierte Planung von Informationssystemen für rechnergestützte
Produktionssysteme
1995, 62 Abb., 150 Seiten, ISBN 3-540-59084-6 88,– DM

90 Deutschle, U.
Prozeßorientierte Organisation der Auftragsentwicklung in mittelständischen
Unternehmen
1995, 80 Abb., !88 Seiten, ISBN 3-540-59337-3 88,– DM

Die Bände sind im Erscheinungsjahr und in den folgenden drei Kalenderjahren
zu beziehen durch den örtlichen Buchhandel
oder durch Lange & Springer, Otto-Suhr-Allee 26-28, 10585 Berlin